国家自然科学基金（5177081718）资助
住房城乡建设部科技计划项目（2019-K9-003）资助
中铁十四局集团第四工程有限公司科技研发资助
山东科技大学科研创新团队支持计划（2018TDJH101）资助
山东科技大学著作出版基金资助

城市预制拼装式地下管廊综合施工技术

王清标　熊远顺　宋　杰
贾文龙　李　涛　李中辉　　著

中国建材工业出版社

图书在版编目(CIP)数据

城市预制拼装式地下管廊综合施工技术/王清标等

著 . --北京：中国建材工业出版社，2019.11

ISBN 978-7-5160-2349-5

Ⅰ.①城…　Ⅱ.①王…　Ⅲ.①市政工程－预制结构－地下管道－管道施工　Ⅳ.①TU990.3

中国版本图书馆 CIP 数据核字（2018）第 174999 号

城市预制拼装式地下管廊综合施工技术

Chengshi Yuzhi Pinzhuangshi Dixia Guanlang Zonghe Shigong Jishu

王清标　熊远顺　宋　杰　贾文龙　李　涛　李中辉　著

出版发行：中国建材工业出版社

地　　址：北京市海淀区三里河路 1 号

邮　　编：100044

经　　销：全国各地新华书店

印　　刷：北京鑫正大印刷有限公司

开　　本：787mm×1092mm　1/16

印　　张：10.25

字　　数：300 千字

版　　次：2019 年 11 月第 1 版

印　　次：2019 年 11 月第 1 次

定　　价：88.00 元

前　言

随着我国社会经济的发展和城镇化进程的快速推进，城市地下空间的开发和利用工作已全面展开，综合管廊作为城市地下空间利用的重要组成部分也取得了长足发展。从1958年北京天安门广场修建了国内第一条综合管廊以来，上海、广州、深圳等城市陆续建成规模较大的综合管廊和管道盾构工程。近年来，随着预制装配式结构的快速发展，预制管廊建设也逐步发展起来。然而，针对预制地下管廊的设计及施工技术研究较少，缺乏对预制管廊防水技术方面研究，故亟需对城市预制拼装式电力管廊的设计和施工进行有针对性的研究分析。

本书第一章详细分析了城市地下管廊及城市预制地下管廊发展概况，分析了城市预制地下管廊的生产预制、吊运拼装以及防水防腐技术的研究现状。第二章详细分析了城市预制拼装式地下管廊的成型方式、模具结构以及管廊预制流程。第三章详细分析了城市预制拼装式地下管廊的吊运设备及吊点设计形式，总结了城市预制拼装式地下管廊管段的吊运措施。第四章详细分析了城市预制拼装式地下管廊构件接口构造，研究了城市预制拼装式地下管廊支护要求，提出了城市预制拼装式地下管廊拼装工艺。第五章详细分析了预应力筋张拉施工，第六章详细分析了孔道压浆施工工艺及控制要点。第七章详细分析了预制拼装式地下管廊渗水机理，并提出了城市预制拼装式地下管廊结构防水技术和材料防水技术。第八章详细分析了城市预制拼装式地下管廊的腐蚀机理，研究了城市预制拼装式地下管廊防腐工艺。第九章对城市预制拼装式地下管廊发展趋势和存在问题提出了见解。

本著作依托山钢集团日照钢铁精品基地电缆隧道建安施工工程，根据相关学者、工程技术骨干人员的研究成果，细化、凝炼而成。在写作过程中，山东科技大学的王学珍、闫海伦、马鹏程、王维、高建、景东亚、李因旭、任国辉、刘文宇、唐玲玉、邵唐砂、徐淑一、朱庆凯、张军杰、孔庆礼等给予了大量的帮助。在此，对参考到的文献作者及单位表示衷心感谢！

由于知识水平有限，工程实践经验不够丰富，书中难免会有不恰当甚至错误的地方，请批评指正，方便学习和改进，感激不尽！

作者

2019 年 6 月

目　录

1 绪 论

1.1 城市地下管廊

1.1.1 城市地下管廊的概况

随着城市经济的不断发展，城市内各类市政管线在种类与数量方面也得到快速增长。以往传统管线通过直埋或管沟的方式，管线之间彼此相互争夺着有限的地下空间，严重影响了城市发展的进程，并且带来诸多问题[1]，如：反复开挖城市内道路、混乱地争夺地下空间、肆意浪费地下管线位置资源、工程事故频发等。这些现象不仅浪费国家财产，也给广大的人民群众带来生活上的困难，同时还损害政府和城市的形象。这些现象导致政府部门的损失越来越大。道路的建设单位不仅要承担恢复道路结构的直接损失，而且还要承担因此产生的城市建设中的间接损失。因此，需要找到一种有效的解决办法。

为了解决这一问题，综合管廊这个新生事物应运而生。综合管廊的定义是什么呢？根据相关规范解释：综合管廊建造在城市地下，可容纳二类及以上城市工程管线的构筑物及附属设施。城市地下管廊主要是将电缆、光纤线缆、给排水管道、燃气管道、排污管道等各种管道根据需求进行独立或组合埋设到地下，并间隔一定距离设置人口、通风口，以及吊装口等，以保证检修人员对管线进行维修，构成了城市地下基础设施，使相关人员能够对管道进行集中处理、科学管理，使各种管道得以高效运行。建设城市地下管廊对于提高城市资源综合管理、改善市容环境起着至关重要的作用。

1.1.1.1 城市地下管廊的特点

（1）综合性特点：地下管廊的建设可以科学合理地利用地下空间资源，将多种市政管线（上水、中水、雨污水、天然气、电力、热力、电信等）集中布置，形成先进的地下智慧管网，并对其进行统一管理。

（2）长久性特点：城市地下管廊的结构类型属于钢筋混凝土结构。地下管廊工程的结构设计使用年限依据最新的《城市综合管廊工程技术规范》GB 50838—2015 规范中的规定，应为 100 年。

（3）便于维修特点：城市地下管廊设有维修和巡查通道，并设置维修人员（检修口）和建筑材料的专用出入口（投料口）和配套保障的设备，方便了管廊内各种管线更换、维修。

（4）先进性特点：城市地下管廊内安装智能化的远程监控系统。管廊内可以采取移动监测与固定监测的方式，同时也可以采用人工实地巡查的监控方式，对管廊采取全方位的监控。当管廊内发生安全隐患时，监控系统可以立即发现隐患，并及时采取应急措施，确保管廊结构主体的稳定性。

（5）抗震抗渗特点：地下管廊集中收容市政管线的方式，可以有效地降低地震、台风等极端天气的影响，对管道本身的使用寿命和安全性有一定的保障。同时管廊内有预留的适用人行或车行通道，如果发生战争时，管廊也可以发挥人防工事的作用，保护了人民的生命和财产安全。

（6）运营可靠特点：依据国家相关规范的要求对管廊内各专业管线进行合理的布置，并根据防火、防爆等要求，对管廊划分隔离区段，并制定相关标准、应急处置方案和各项制度，为城市地下管廊的安全使用提供可靠的技术保障。

综上所述，城市地下管廊的建设可以彻底改变以往浪费城市地下空间资源、浪费建设投资、破坏地下现有运行的各类管线的现象。

1.1.1.2　地下管廊的分类

依照《城市综合管廊工程技术规范》中的定义，地下管廊可分为干线管廊、支线管廊和缆线管廊（电缆沟）等三种类型[2]。干线综合管廊内布置管线的种类有电力、通信、给水、燃气、热力等多种管线，在特殊情况下也可以在管廊内布置排水管线。支线综合管廊主要负责从干线综合管廊到直接用户的各种物资的分配。缆线综合管廊主要负责将城市架空电力、通信、有线电视、道路照明电缆收容到管道。通常缆线综合管廊一般布置于道路人行道下部。

1.1.1.3　地下管廊的构筑方式

地下管廊可分为现浇管廊和预制管廊两种形式。现浇管廊主要采用开槽法施工，需要在天气条件晴朗或温度条件适宜的环境下施工，现浇施工作业量大，混凝土管廊养护时间较长，延长施工周期。此外，现浇管廊的施工场地环境较差、现浇混凝土的抗渗性能较预制混凝土差，对于地下水丰富的区域，管涵易渗漏。预制管廊主要在混凝土预制构件厂采用高精度钢模成型制作，运输到工程现场后进行吊装安装，构件间采用刚性或柔性连接。

预制管廊具有以下优势：

（1）工厂化生产，混凝土构件质量可靠，合格率大幅提高。

（2）施工场地面积小，对环境污染小。

（3）预制混凝土构件之间连接性能好、抵抗地震能力强、具有较好的抗渗性。

（4）主要采用机械化施工，施工速度快、施工工期短。

（5）预制管涵拼装后即可填埋基坑，对市民生活影响较小。

（6）施工环境要求低，可在冬、雨季连续施工。因此，全面研究地下预制管廊的生产、吊运、拼装定位以及防水等重点施工方法，提高工程的经济效益和社会效益，具有重要的理论意义和工程实践意义。

1.1.2 国内外城市地下管廊发展史

1.1.2.1 国外地下管廊发展状况

（1）法国

1832 年，法国爆发霍乱疫情，为了控制这种疾病，巴黎市开始规划城市下水道网络系统，建设了第一条城市综合管廊，同时这也是世界上第一条城市综合管廊，至今已经有186 年的发展历史。经过百多年的探索、研究和发展，技术水平逐渐成熟，在国外许多城市得到广泛应用，已成为国外发达城市市政建设管理现代化的标志，成为城市公共管理的一部分。截面形式见图 1.1。通过逐步发展，到 1867 年，规划了矩形断面的综合管廊系统。截面形式如图 1.2 所示。现在，巴黎建设地下管廊总里程已达 2100km，不仅是欧洲第一，也是世界第一[3]。

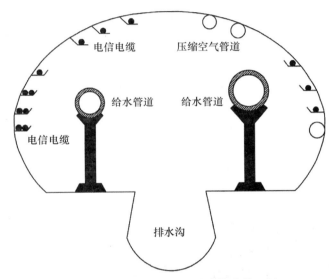

图 1.1 法国第一条地下综合管廊截面图

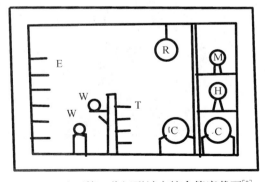

图 1.2 法国第一代矩形城市综合管廊截面[3]

（2）德国

1893 年，德国汉堡 Kaiser-Wilheim 大街通过在道路两边的人行步道下方建设 450m 长

的综合管廊，其主要用途是用来收容热力、自来水、电力、电信及瓦斯等管线，截面形式
如图 1.3 所示。1959 年的布白鲁他市、1964 年的苏尔市及哈利市都规划建设了综合管廊，
内部管线布置如图 1.4 所示。针对此大规模建设的现象，德国在 20 世纪 60 至 80 年代，
出台了一部综合管廊指导性法规，随后予以补充和修订[3]。

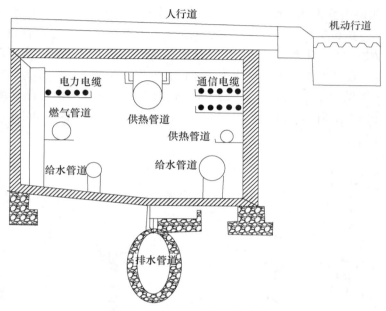

图 1.3　汉堡市地下综合管廊截面

图 1.4　德国现代综合管廊内景[3]

（3）英国

1861 年，伦敦开始建造形状为半圆形截面的综合管廊，其功能除了接收电信、电力、
水和污水管道外，还设计了通往各用户的支线。截至目前伦敦市共建成 22 条综合管廊。

伦敦市建设管廊投资由政府出资，管廊归政府所有，以租借形式给各管线单位。如图1.5所示。

图1.5　英国原始综合管廊[4]

（4）西班牙

1933年，西班牙计划兴建地下综合管廊，于1953年马德里市率先进行服务综合管廊计划的实施，减少了开挖路面的次数，降低了路面塌陷的概率，延长了道路使用寿命，减少了维修成本。基于此，综合管廊得以在西班牙国内广泛推广。

（5）美国

1970年，美国WhitePlains市中心兴建综合管廊，此后如大学校园、军事机构或用于特殊目的而兴建综合管廊，但都构不成系统网络，管廊的功能是收容除了燃气管道外几乎所有管线。另外，纽约市从束河下穿越并连接Astoria和Hell Gate Generatio Plants的隧道是美国具有代表性的管廊，该管廊的长度大约1554m，其功能是收容电力管线、污水管、自来水干线和通信管线。此后，阿拉斯加的Fairbanks和Nome，为了杜绝自来水与污水管受到冰冻兴建了综合管廊系统，Faizhanks系统约有六个廊区，并且Nome系统是唯一将整个城市市区的供水和污水系统纳入综合管廊，管廊长度约4022m[5]。

（6）俄罗斯

1933年，苏联在莫斯科、列宁格勒、基辅等地修建了地下共同沟。俄罗斯规定了管廊如下的布置原则：在大量现状或规划下的地下管线的干道下面可以建设管廊；在经过改造的地下工程非常发达的城市主干道路下可以建设管廊；需要同时埋设输水、供热管道和通信电缆情况下可以建设管廊；在地表没有剩余埋设管道的空间可以建设管廊；在干路与铁路交汇处可以建设管廊。

莫斯科地下综合管廊的长度共计130km，管廊内除布设煤气管外，各种管线均可以布置，但是管廊的截面较小，且内部通风条件差。莫斯科地下综合管廊大部分采用的是预制拼装结构，包含单舱与双舱两种类型（图1.6所示为莫斯科单舱综合管廊示意图、图1.7所示为莫斯科双舱综合管廊示意图所示）。

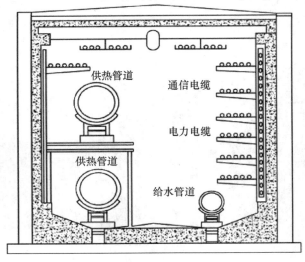

图 1.6　莫斯科单舱综合管廊示意图[6]

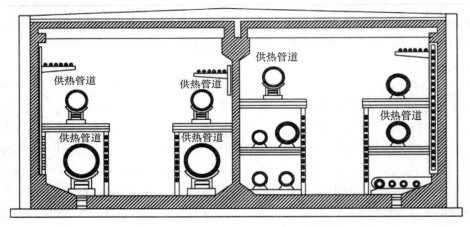

图 1.7　莫斯科双舱综合管廊示意图[7]

（7）日本

日本是亚洲管廊建设的先驱和领先者。1923 年关东大地震后，为了东京的再次复兴，开始尝试性地设置三条综合管廊，均位于人行步道下方：（1）九段阪综合管廊，现浇钢混结构，长约 270m；（2）滨町金座街综合管廊，预制装配式结构的电缆管沟；（3）东京后火车站综合管廊，高 2.1m，宽 3.3m，可容纳天然气、自来水、电信和电力管线。此后大约 30 年日本处于停滞阶段。1959 年，城市交通快速发展，为了避免反复开发路面影响交通，在新宿西口区域又开始综合管廊建设。如图 1.8 所示。

自 1962 年开始，日本政府出台了相关法律禁止开挖运营道路；1963 年日本政府颁布《共同沟特别措施法》，第一次制定了建设投资的分摊方式。该法律出台后，日本的长崎、福冈、广岛等地先后形成了建设热潮，管廊建设总里程达到 310km。在 1993—1997 年这四年中，日本共建设 140km 长度的综合管廊，达到了建设管廊的高峰期。较著名的有东京银座、日比谷、大和川、麻布、横滨 M21 等地下综合管廊，至 2001 年日本全国范围内综合管廊的总里程超过 600km，堪称亚洲第一[3]。日比谷综合管廊建设图（圆形截面）如图 1.9 所示和大和川综合管廊（三仓整体预制）如图 1.10 所示。

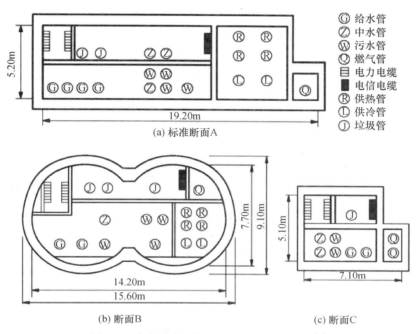

图 1.8　东京临海副都心地下综合管廊断面[8]

图 1.9　日比谷综合管廊建设图

图 1.10　大和川综合管廊[9]

　　据统计，截止到 2015 年日本东京、大阪、福冈等 80 个城市修建综合管廊的总里程超过 2057km。其中 90％为预制拼装结构，亚洲排名第一。日本综合管廊的总体规划是：到 2017 年末，在 80 个城市主干线道路下建设超过 2500km 的综合管廊。

1.1.2.2　我国地下管廊发展状况

　　我国城市综合管廊规划建设起步较晚，但是近年也在很多大城市进行了设计建设，比较有代表性的工程有北京天安门广场城市综合管廊项目、上海张杨路城市综合管廊项目、济南泉城路城市综合管廊项目、广州大学城城市综合管廊项目、上海世博园城市综合管廊项目等[3]，下面逐一对工程概况进行简单介绍。1958 年，在天安门广场地下修建了一条长度 1076m 的综合管廊，这是我国第一条城市地下综合管廊。1990 年，天津市在新客站兴建了一条宽度 2.5m 的综合管廊，其功能可以收容输水、电缆和电力等管线。1994 年，上海市在张杨路人行道下兴建了两条尺寸为 5.9m×2.6m 的双孔综合管廊，各长 5.6km，可收纳上水、电力、电信、煤气等管线，这也是国内第一条有一定规模且已运营的综合管廊，被行业内称为"中华第一沟"，图 1.11 为上海浦东张杨路城市综合管廊内景。2001 年，济南市在泉城路道路改建施工中兴建了综合管廊，该管廊设计为南北两条布置，采用矩形双仓的断面，内部布置有给水、电力及电信和热力管线。

图 1.11　上海浦东张杨路城市综合管廊内景[10]

2003 年，广州大学城施工时，国内单条距离最长的管廊、设计断面最大的管廊被建成，其断面宽度达到 7m，高度有 2.8m。长度达到了 17km 以上，广州大学城综合管廊规划平面图如图 1.12 所示。2006 年 12 月，上海安亭新镇地区也修建长 7.5km 的综合管廊。2009 年，建设的总长度 6km 的上海世博园综合管廊是上海世博会永久性基础设施之一，管廊的建设同时使用了现浇和预制两种工艺，管廊的功能可以收容电力、通信、热力、给水管线，同时也可以布置垃圾输送管，图 1.13 是管廊内景。

2015 年在行业内部被叫做"地下管廊建设元年"，自此我国开始大规模建设城市地下综合管廊。2015 年 8 月国务院办公厅颁布《关于推进城市地下综合管廊建设的指导意见》，国家加大了对城市综合管廊建设的力度以及管理[12]。同年，我国进行第一批城市综合管廊试点城市评选，根据评审得分，包头市、沈阳市、哈尔滨市、苏州市、厦门市、十堰市、长沙市、海口市、六盘水市、白银市这 10 个城市成为综合管廊试点城市。经过一年多的规划建设，各个试点城市都建设了大规模有代表性的综合管廊的工程。在各地积极响应国家政策，争相建设综合管廊的大好环境下，2016 年又公布了石家庄、青岛市等 15 个第二批综合管廊试点城市。

图 1.12　广州大学城综合管廊规划平面图

图 1.13　上海世博园管廊内景[11]

1.1.2.3　我国部分城市预制综合管廊发展及建设计划

（1）沈阳：已经建成了三条地下管廊，管廊的具体位置位于南北快速干道、南运河和铁西新城。南运河综合管廊：总长度达 12.83km，总投资预计约 32 亿元。因为管廊沿途经过鲁迅公园、南湖公园、万柳塘公园、青年公园和万泉公园等五大公园，为避免对既有公园的破坏，施工难度大大提升。铁西新城综合管廊：总长度约 21km，一期管廊位于二十五号路段，管廊总长约 9km，二期管廊沈辽路管廊，总长 12km，工程将采用明挖法预制拼装施工。

（2）苏州三期规划修建多条地下管廊避免"马路拉链"：苏州于 2015 年完成了《城市

地下管线综合规划》和《地下综合管廊专项规划》,此项规划范围涉及整个苏州市,总面积 2742.6 平方公里。其中,苏州市区干线综合管廊规划 175km,分近期、远期和远景三个阶段推进建设(最长规划到 2030 年),近期规划 63km,远期规划 112km。苏州投资 39.255 亿元用来建设太湖新城启动区、澄阳路、桑田岛、北环路和城北路 5 个试点管廊项目,建设总里程长度为 31.16km。

(3)湖北省规划综合管廊上百公里:截至 2016 年 3 月份,湖北省已经完成了 70% 以上的城市综合管廊建设规划,已建成综合管廊达到 39.97km。十堰市综合管廊项目于 2015 年 12 月开工,总投资超过 35.5 亿。作为国家试点城市,2015—2017 年这三年试点期内完成 51.64km 的建设任务,该项目的综合管廊建设中将有 15km 采用预制拼装形式。

(4)长沙 3 年内将建 63km 地下综合管廊,总投资 55.95 亿,在 2015—2017 年这三年试点期内,长沙市计划在梅溪湖国际新城、高铁新城和老城区试点共建设管廊约 62.62km,总投资约 55.95 亿元。到 2020 年长沙市的综合管廊规划总长要达到 140.9km。长沙市首条综合管廊已经于 2016 年底基本建设完成,管廊宽度 14m、高度 3.5m。此项目中约 14km 的综合管廊采用预制拼装形式。

据住房城乡建设部统计,截至 2016 年底,全国 147 个城市 28 个县城市地下综合管廊(含竣工)总里程已达到 2005km。其中预制管廊的比例在试点城市相对较高,其他县市相对较低,总体在 20%~40% 间(表 1.1、表 1.2)。

表 1.1　目前国内建设情况统计

综合管廊	建成时间	长度(km)	总造价(元)
上海张杨路	1994 年	11.13	3 亿
杭州火车站	1999 年	0.5	3000 万
上海安亭新镇	2002 年	5.8	1.4 亿
上海松江新城	2003 年	0.323	1500 万
佳木斯市林海路	2003 年	2.0	3000 万
杭州钱江新城	2005 年	2.16	3000 万
深圳盐田坳	2005 年	2.666	3700 万
兰州新城	2006 年	2.420	4847 万
昆明昆洛路	2006 年	22.6	5 亿
昆明广福路	2007 年	17.76	4.52 亿
北京中关村	2007 年	1.9	4.2 亿
宁波东部新城	在建	6.16	1.65 亿
深圳光明新城	在建	18.28	7.60 亿

表 1.2　2015—2017 年综合管廊试点城市建设计划

综合管廊	建设时间	长度(km)	总造价(亿元)
包头	2015—2017 年	33.1	23.4
沈阳	2015—2017 年	36.5	50.6
哈尔滨	2015—2017 年	25.51	27.24

续表

综合管廊	建设时间	长度（km）	总造价（亿元）
苏州	2015—2017 年	31.16	39.25
厦门	2015—2017 年	38.92	28.62
十堰	2015—2017 年	51.64	35.51
长沙	2015—2017 年	62.62	55.95
海口	2015—2017 年	43.24	38.47
六盘水	2015—2017 年	39.69	29.94
白银	2015—2017 年	26.25	22.38

1.1.2.4　北京预制综合管廊的建设情况

北京的综合管廊建设虽然起步最早，但相比于外省市发展相对缓慢。可主要分为两个阶段[3]。

（1）初期起步阶段。1958 年在建国门内大街道路改造时，作为道路的附属工程，分别在东单到建国门之间的三个路口建设过街综合管廊。1959 年北京市在天安门广场下兴建了一条长度为 1070m 的综合管廊。1977 年在"毛主席纪念堂"建设时，在其下部同时建设了一条长度为 500m 的单条综合管廊。自此以后 20 年间，因政治经济等各种因素，北京综合管廊的建设止步不前。

（2）推广发展阶段。1995 年对王府井地下商业街进行了综合管廊的前期规划，2000 年在对两广路改扩建期间提出了同时铺设综合管廊的设想，但前两者规划与设想均没有得到实施，原因主要集中在技术方面，因为没有统一的技术规范作为指导，项目被迫暂停。2000 年 5 月中关村西区建设中，为确保园区地下空间开发的整体规划，在园区的主路下建设了 1.9km 的综合管廊，于 2005 年初步建成。目前已建成的管廊均集中在城北，其中包括中关村西区地下综合管廊和昌平未来科技城综合管廊。2006 年投资约 3.2 亿元建设长度 1900m 的北京中关村西区综合管廊。中关村地下综合管廊的模式为三位一体式，即最上层为地下机动车路网；第二层商业开发；地下第三层是敷设中水、自来水、电力、电信、天然气、热力等管道的管廊。三层的总建筑面积为 95090m²。

曹园南大街地下综合管廊项目，别称为"最强综合管廊"，于 2016 年 11 月开始建设，管廊总长 3.8km，高约 3m，最大宽度 14m，其中设计 4～5 个仓室，主要功能是收容给水、燃气、通信、电力、再生水等市政管线。该工程中仅在过路段和过河段设置预制管廊结构，其他部位均为现浇混凝土结构。

从北京的建设情况来看，管廊建设开始的时间全国最早，但发展速度十分缓慢，只有近两年才开始大面积建设，曾经一度出现停滞不前的状态。作为国家大力推进的"预制装配产业化"的预制管廊建设却迟迟未得到应用。

1.1.3　城市地下管廊研究目的及意义

目前，我国各个城市的基础建设正在蓬勃发展，城市基础设施市场化投资建设环境在各地政府的领导下逐步形成，建设中以及正在规划中的管廊数量越来越多，综合管廊的安全性能就显得尤为重要。

（1）分析国内外综合管廊建设及运营管理，为我国综合管廊的发展提供一些建议。

我国城市综合管廊起步较晚，相应的法律法规、施工规范及运营管理方式不太完善，但是国外早在20世纪就已经开始综合管廊的建设，技术比较成熟，管理比较先进。学习国外的先进技术及思想，并把该项技术融入到国内的综合管廊建设上，能很好地促进我国综合管廊的发展。

（2）分析综合管廊的安全因素，提出相应的改善措施，提高综合管廊的安全性。

尽管目前综合管廊发生重大事故的数量相对较少，但随着管廊数量和管道数量的增加，综合管廊的安全性已引起越来越多的关注，管廊内任何一个管道出现事故，可能会影响其他管道的正常运行，将会给人们的生活带来严重影响。

（3）分析综合管廊的管线布置以及附属设施的设计，提高综合管廊的设计水平。

综合管廊是一个复杂的系统，涉及面较广。应具体分析综合管廊各个管线纳入综合管廊存在的问题，并建立数学模型，求解综合管廊内管线布置的最优方案，提高管廊的设计效率。

1.2　城市预制地下管廊

1.2.1　城市预制地下管廊基本组成

城市预制地下管廊不单是一个混凝土结构，还包含了众多的子单元，主要由以下九种体系共同构成[3]：

（1）综合管廊本体：钢筋混凝土结构，大多数采用现浇或预制的方式。

（2）管线：收纳于地下综合管廊中的各种管线，是综合管廊的核心与关键。

（3）监控系统：对管廊内的湿度、可燃气体浓度、人员进出状况等进行监控的系统设备和地面控制中心。

（4）通风系统：保证地下综合管廊的安全和维护、管线施工人员的生命安全及健康，主要为机械通风。

（5）供电系统：主要提供电力以保证综合管廊的正常使用、检修、日常维护。

（6）排水系统：包含排水沟、集水井和水泵等。

（7）通信系统：综合管廊内部与控制中心的通信设备，包含对讲系统、广播系统等。

（8）标识系统：标识综合管廊内各种管线的管径、性能以及各种出入口位置等。

（9）地面系统：包括地面控制中心、人员出入口、通风井、材料投入口等。

1.2.2　城市预制地下管廊基本特征

地下预制管廊具有如下特征：

（1）工厂化生产，质量高。预制拼装管节的生产由专业混凝土预制构件厂生产，采用

高精度钢模成型制作技术，工厂化批量生产，预制管廊管节强度高、尺寸规整。如图 1.14
所示。

图 1.14　预制管廊工厂预制方涵管节

（2）预制方涵管节间连接整体性好。在软土地基施工时，管廊构件间采用预应力钢绞
线连接，既可保证管节接口处在预应力作用下能产生一定的抗拉强度，也可以提高管节接
口的柔性，防止管廊由于不均匀沉降时出现断裂。

（3）预制管廊整体防水性能强。预制管廊方涵构件混凝土采用 C30～C50 等级，抗渗
等级为 P8，预制管廊构件接口处采用防水橡胶进行挤压连接，保证了管节的水密性。

（4）施工工期较短。预制管廊采用大批量高精度钢模进行工厂化生产，生产速率较
高；现场吊装，减少了混凝土自然养护时间，施工简便，速度快。

1.2.3　城市预制地下管廊分类

目前，我国预制综合管廊的类型主要包括预制拼装式与预制叠合装配式两种。

1.2.3.1　预制拼装式

预制拼装式是指将预制工厂或者现场预制的分段构件采用预制拼装的施工工艺在施工
现场将其拼装成综合管廊，可划分为具体以下整体预制拼装式（如图 1.15 所示）和构件
预制拼装式（如图 1.16 所示）两种类型。二者的区别是整体预制拼装式的预制产品为一
段段的管节，而构件预制拼装式则将其离散成预制的底板、侧墙、隔墙与顶板等构件。

（1）整体预制拼装式综合管廊技术特点

① 预制拼装管节由专业混凝土预制构件厂，采用高精度钢模成型制作，可更好地保
证产品的强度、耐久性。

② 施工速度快，可以降低基坑支护的费用，对周边环境影响小。

③ 由于受到目前吊装设备、城市运输等条件的限制，预制管廊断面以及体量不宜过
大，目前多采用单舱或双舱管廊断面设计。

图 1.15　整体预制拼装式综合管廊

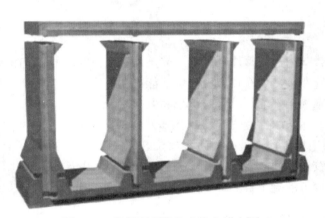

图 1.16　构件预制拼装式综合管廊[13]

（2）构件预制拼装式技术特点

① 构件更加轻量化，对运输及吊装的要求低，常用于多舱管廊。

② 构件需在现场进行定位、垂直校正等复杂工序，致使装配工期慢于整体拼装式，但工期长度快过现浇式。

③ 构件拼装致使横向、纵向节点较多，整体性较差，防水工作量大。

1.2.3.2　预制叠合装配式

预制叠合装配式管廊与构件预制拼装式类似，但两者之间又存在着本质上的区别。预制叠合装配式是由叠合底板、叠合墙板及叠合顶板三部分构成，需在工厂预制加工完成，然后在现场进行定位、拼装等工序并进一步现浇而成[14]。

（1）叠合底板、墙板及顶板采用工厂预制，在施工现场进行装配，模板用量减少，但仍需要在施工时进行较多的混凝土浇筑作业。

（2）预制构件的质量较轻，利于吊装及运输。

（3）不用抹灰，达到清水混凝土水平。

（4）各叠合板采取现浇混凝土的方式进行连接贯通，方便现浇混凝土布置防水构造，提高了防水功能。

1.2.3.3　预制管廊与现浇管廊的综合对比（表1.3）

表 1.3　预制管廊与现浇管廊的综合对比

	预制拼装式管廊	预制叠合装配式管廊	现场浇筑式管廊
生产质量	生产规范，便于控制生产质量，生产误差较小	由电脑进行智能控制，机械化生产，零误差生产，产品质量较好	产品质量控制难
生产成本	产品成本低，生产环节由电脑程序控制，所以原料用量控制精度高，另模具重复利用率高，包括节能设计	产品成本相对低，但模具由于管廊各项目采用不同尺寸的管廊，所以模具成本高	产品成本高
产品规格	可生产任意规格产品	受运输限制，一般生产 3m 以下方涵	可生产任意规格产品
施工周期	施工周期短，装配式采用预制与现浇相结合，所以即保证了施工速度，同时结构性也是最好的	施工周期短，出厂产品立即铺设施工，但施工难度大，安全隐患大	产品生产与施工合一，支模浇筑养护和拆模等工序在开挖后同一处完成，施工周期长
综合成本	综合成本居中，但前期工厂投入较大，而且需要扩厂周期	综合成本高，但前期工厂需要投入场地厂房成本，中期模具成本高，后期运输成本高	综合成本相对低，人工成本高，熟练工种依赖性高，不可控风险大
运输	运输按优化好的物流计划执行，运输效率高	运输效率低，且运输成本高	相对灵活
节能减排	节能减排效果好	节能减排效果好	现场施工，噪声与粉尘污染大
人员问题	从生产到安装，只有少数人工参与	熟练工作依赖性高，施工难度大，安全隐患大	人工成本高，熟练工种依赖性高，不可控风险大

1.2.4　城市预制地下管廊研究现状

1.2.4.1　预制管廊的生产技术开发研究现状

国内学者对于预制混凝土管廊的生产技术研究主要集中于信息化控制技术、混凝土构件性能、预制构件瑕疵以及构件结构的设计与生产。其中，吴姝娴[15]采用 BIM 技术、ERP 系统和 MES 系统等信息技术，研究预制构件生产和管理过程，评价信息化技术对工厂化生产的作用；路阳[16]对预制混凝土构件现场车间布局和工艺控制要求进行了研究，利用 Beckhoff 公司基于 PC 的自动化控制技术，对生产线控制系统进行网络架构设计和功能划分，并且详细研究了安全控制、机械手控制等主要功能的具体实现方法；陈晓晖[17]研究了钢筋成型系统的应用和预制单元的开发，为相关研究人员提供参考。

国内地下综合管廊结构的研究、应用的实例并不多。从国内预制技术来看，朱敏涛[18]分析用于预制混凝土构件的高性能早强混凝土技术途径，包括早强型复合胶凝材料技术、早强型化学外加剂技术、胶凝材料的热活化技术、磁化水和晶种技术等。详细介绍了 PHC 管桩混凝土的早强技术研究现状，并指出了早强混凝土技术和产品存在的不足及建议；刘成[19]对大型混凝土预制构件裂缝的产生原因进行分析，讨论了大型混凝土预制构件生产过程控制的要点；贾翔[20]研究了干硬混凝土在预制件生产中的优势，提出了机械化生产线的生产模式；刘光忱[21]从设计、制造，现场施工、运行维护等方面阐述了 BIM&RFID 技术在装配式建筑中的应用，指出了 BIM&RFID 技术在装配式建筑中的应用困难，并提出了相应的对策；刘建民[22]基于 BIM 技术在装配式混凝土结构工业化施工中的应用关联分析；陈凌峰[23]基于预制拼装混凝土组合楼板在住宅工程中的应用，介绍了生产、堆砌、运输和安装施工技术，根据实际施工经验提出了预制拼装式混凝土叠合板的施工建议措施；朱晓明[24]从受力角度分析了预制钢筋混凝土圆形管廊结构设计与生产工艺。

1.2.4.2　预制管廊吊运技术开发研究现状

郑艺杰[25]通过对吊装实际情况的分析，指出在构件吊装设计中不应忽视吊装次应力的影响，并重新推导了两点起吊时准确吊点位置的计算公式；周光毅[26]研究了新型预应力梁柱连接形式——非对称混合连接（简称 UNSH 连接），并详细介绍了预制构件现场吊装工艺；杜昌盛[27]根据小型混凝土预制构件施工经验，研究了小型预制构件施工、运输及安装的施工工艺以及控制要点；高平原[28]对电缆沟盖板等小型混凝土构件的吊点形式进行了研究，并提出将吊点由拉环改为螺栓连接，此方法在混凝土构件制作过程中预埋螺母，并采用特制的螺栓吊具进行搬运、安装，对比原有拉环式吊点形式，提高了混凝土构件表观质量；万洋[29]介绍了隧道管片翻转的工艺及相关作业要求的新技术，提出了一种新型的翻转吊具；何旭辉[30]论述了钢筋混凝土过程中组装式钢筋混凝土施工的施工方法和混凝土施工过程，并提出了相应的质量控制要点；邵子洋[31]介绍了工业建筑的预制混凝土构件的提升系统的设计，帮助设计和施工技术人员在工作中进行有效的合作，并促进设计与施工一体化的发展；赵勇[32]在国家标准《混凝土结构工程施工规范》GB 50666—2011 相关规定的基础上，讨论了预制构件吊装施工验算的控制标准、荷载取值、计算模型等问题，并通过算例加以说明，提出了吊装施工验算中值得进一步研究的问题；魏庆海[33]阐述了混凝土结构吊装的施工特点，并在此基础上详细介绍了混凝土结构吊装施工要点。

1.2.4.3　预制管廊拼装、定位技术研究现状

（1）预制管廊拼装方面

揭海荣[34]基于集美新城综合管廊工程，研究采用了预制悬拼的施工方法，其大大缩短工期，减少了对周围环境的影响；刘自超[35]针对郑州地下综合管廊项目施工中遇到的因征地限制、现浇施工缓慢等问题，提出了管廊预制拼装技术，并对管廊预制、拼装技术等进行了施工验证，拼接缝采用承插口双胶圈柔性连接；张迎新[36]系统地论述了预制拼装一体化管廊的防水技术，介绍了抗震防水工程的防水等级，以及主要结构防水，防水缝设计，内防水、外防水的施工工艺，提出预制管廊也应根据工程实际情况综合考虑"刚柔并济，多道设防"，并预留渗水检测和防水维修通道，以保证防水工程满足管廊 100 年使用寿命要求；郭建涛、油新华等[37]介绍了一种新型预制装配施工技术——地下工程叠合

整体预制装配技术，对叠合整体式预制装配系统的关节进行了研究，包括叠合墙之间的连接、叠合墙与现浇底板间的节点连接、叠合板与叠合墙间的节点连接、叠合梁与叠合板的连接等；郑轶[38]研究了城市常见共同沟施工中预制节段施工方法的具体施工方法，并指出预制节段施工方法其施工效果良好；任凯[39]分析比较了预制管廊施工条件、施工工艺和步骤，分析了预制拼装和分段浇筑悬臂浇筑施工的成本，通过比较分析表明：采用胶接缝的节段梁建设桥梁，工期较短，但费用偏高；王少辉[40]采用 ABAQUS 有限元软件，考虑箱涵施工吊装过程及箱涵汽车移动荷载作用，建立了箱涵及路基三维有限元模型，计算并分析了箱涵施工吊装状态及箱涵工作状态下的应力，提出了箱涵吊装注意事项及箱涵结构的建议，为预制箱涵施工提供参考；谭铭[41]研究了装配式预制构件的施工技术，分析了工具式提升系统的工作原理。

（2）大型装配式预制构件吊运定位技术方面

大型装配式预制构件吊运定位技术方面，易建华[42]采用 GPS 对海上预制墩台吊装进行定位并按精度要求调节到精确平面和高程位置，以及精度要求范围内的垂直度，进一步验证了测量系统设计的合理性，对存在的问题给出了可行性建议；师红宇[43]设计了一种基于机器视觉定位的智能控制系统，实现两级分布式控制；岳玉洁[44]在对三维软件 Invento 进行分析研究的基础上，利用其强大的三维建模功能，结合起重机的结构和工作原理，创建了起重机完整的三维参数化模型；熊畅[45]为了精确模拟施工，一次吊装成功，减少了不必要的成本，利用 SU 三维软件对筛分室内的振动筛吊装过程进行吊装模拟，并用于指导现场实际吊装；胡玉茹[46]以汽车起重机为研究对象，建立了基于开源引擎 OSG 和数据库技术的三维仿真系统，描述了系统框架结构与功能模块划分，并着重介绍了关键技术点的实现方法。

1.2.4.4　地下预制管廊防水、防腐技术研究现状

（1）地下预制管廊防水技术方面

王晓磊[47]分析了地下综合管廊的防水特性，研究了地下综合管廊防水材料的类型和适用性，从暗挖法、明挖法和局部治理三方面阐述了地下综合管廊的防水措施；何小英[48]基于宝鸡首条地下综合管廊防水采用结构自防水设计的基础上，提出了外加双层反应粘高分子湿铺防水卷材作为柔性防水的施工工艺；葛照国[49]基于南京青奥地下工程研究了喷膜防水技术，并详细分析了相关防水施工工艺，以及关键部位的防水技术；况彬彬[50]重点阐述了六盘水地下综合管廊防水工程的地质特点和防水工程，重点阐述了各部分的防水施工工艺，介绍了格构柱、后浇带、变形缝和施工缝的防水方法；孔祥臣[51]对管廊预制结构节点的防水性能进行了实验和理论研究，对厦门湖滨水库预制拼装一体化管道走廊的防水性能进行了缩尺模型试验，为预制装配接头的防水性能研究和设计提供了依据；黄用安[52]介绍了南宁某大型综合楼地下工程中使用的自防水混凝土，分析了反应型黏性聚合物防水卷材施工中容易出现的问题，并提出了解决措施；璩继立[53]介绍了国内外地下工程防水技术的发展现状和存在的问题，总结了围岩防水技术、结构自防水技术、附加防水层和排水系统，总结了详细的结构防水施工方法。

（2）大型预制构件防腐技术方面

大型预制构件防腐技术方面，朱加圣[54]就混凝土防腐涂层的施工工艺和质量控制进

行了探讨；高秀利[55]研究了矿物掺合料、液体防腐剂和粉末防腐剂对硫酸盐作用下混凝土轴心抗压强度、抗腐蚀系数和质量损失的影响，分析了几种防腐技术的效果和机理；于涛[56]通过对混凝土中氯离子腐蚀钢的试验研究，提出了混凝土防腐对策；陈芳[57]通过正交法试验复配出一种综合性能良好，且能使混凝土有效抵抗硫酸盐、氯离子等有害物质侵蚀的复合型混凝土防腐剂；苏晓锋[58]在混凝土中掺入粉煤灰，通过物理化学反应，可以有效减少有害离子含量，提高混凝土的抗腐蚀性；杨大峰[59]在研究钢纤维混凝土的腐蚀机理和影响因素的基础上，通过盐雾试验，在钢纤维混凝土表面施加环氧树脂、渗透结晶材料、氟碳树脂涂层、有机硅涂层等防腐材料，通过紫外耐候性能试验、氙灯老化试验等综合研究了钢纤维混凝土涂层的腐蚀规律，得出了最佳的耐腐蚀材料；武德涛[60]根据交通运输行业混凝土桥梁防腐涂料标准和防腐技术条件，以及具体的涂料使用环境和工程实践，介绍了水性环氧类混凝土防腐涂料体系、水性丙烯酸类混凝土防腐涂料体系、清水混凝土用水性氟硅透明涂料体系等三类目前使用较为广泛的混凝土防腐用水性涂料体系及其各自特点；高明[61]结合深圳盐田港一期码头混凝土防腐的施工实践，简要介绍了液体硅烷浸渍混凝土防腐施工技术和施工要点；刘宗晨[62]分析了混凝土的腐蚀因素，介绍了溶剂型混凝土防腐涂料的一般特性、类型和主要性能，简要说明了混凝土涂装与修补的一些原则和注意事项。

参考文献

[1] 郭奇志，郭斌继．综合管廊内供热管道的热损失计算与通风系统设计 [J]．区域供热，2017（02）：39-42+84.

[2] 穆桐．基于 PLC 控制系统的城市综合管廊自动化仪表解决方案 [J]．中国高新技术企业，2017（05）：97-98.

[3] 胡君．预制综合管廊推广应用研究 [D]．北京建筑大学，2017.6-7.

[4] https：//wenku. baidu. com/view/0052e303b14e852459fb575d. html？from＝search

[5] 于晨龙，张作慧．国内外城市地下综合管廊的发展历程及现状 [J]．建设科技，015（17）：49-51.

[6] https：//wenku. baidu. com/view/cdea3859effdc8d376eeaeaad1f34693dbef106a. html？from＝search

[7] https：//wenku. baidu. com/view/cdea3859effdc8d376eeaeaad1f34693dbef106a. html？from＝search

[8] https：//wenku. baidu. com/view/cdea3859effdc8d376eeaeaad1f34693dbef106a. html？from＝search

[9] http：//huanbao. bjx. cn/news/20170512/825140-10. shtml.

[10] https：//wenku. baidu. com/view/0052e303b14e852459fb575d. html？from＝search

[11] https：//wenku. baidu. com/view/a8a33c42dd3383c4ba4cd2ab. html？from＝search

[12] 杨海燕，金秋，孙广东，陈义华．中小城市管廊建设现状分析 [J]．隧道建设（中英文），2017，37（11）：1373-1378.

[13] https：//wenku. baidu. com/view/cb0471ce50e79b89680203d8ce2f0066f533649b. html？from＝search

[14] 白帆，张世浪．各型式预制综合管廊的特点与关注问题探讨 [J]．南方能源建设，2017，4（02）：81-85.

[15] 吴姝娴．信息化技术在混凝土预制构件生产过程中的运用 [J]．绿色建筑，2016，（06）：24-26+29.

[16] 路阳 . PC 自动化技术在预制构件生产线中的应用 [J] . 电气传动，015，04）：69-72.

[17] 陈晓晖，姚宇明，郑明华 . 基于 Struts 和 HIBERNATE 架构的保险公司核心业务系统 [J] . 计算机工程，2006，（04）：264-266＋271.

[18] 朱敏涛 . 高性能早强混凝土在预制构件生产中的应用 [J] . 建筑施工，2012（11）：1093-1094＋1100.

[19] 刘成，付强 . 大型混凝土预制构件生产过程控制要点 [J] . 建筑工程技术与设计，2016（13）.

[20] 贲翔 . 干硬性混凝土构件在装配式建筑中的应用 [J] . 砖瓦，2017（02）：55-59.

[21] 刘光忱，车诗雨，王俊森，侯岸茹 . BIM&amp；RFID 技术在装配式建筑中的应用研究 [J] . 辽宁经济，2017（02）：90-91.

[22] 刘建民，宋建 . BIM 技术在装配式混凝土结构工程的应用分析 [J] . 城市建设理论研究（电子版），2017（02）：85.

[23] 陈凌峰，陈锡宝 . 预制拼装式混凝土叠合板的施工技术 [J] . 上海城市管理，2017（02）：94-95.

[24] 朱晓明，杨海荣，袁明新，王先进，徐边疆，朱玲云 . 埋深 10m 预制钢筋混凝土圆形管廊结构设计及生产 [J] . 四川建材，2016（05）：29-33.

[25] 郑艺杰，张晋，尹万云，金仁才，刘守城，邵传林 . 装配整体式剪力墙结构构件吊装分析 [J] . 施工技术，2015（S1）：572-576.

[26] 周光毅，宫立宝，王佳斌，黄巍，孙振宇，赵传莹 . 装配式混凝土结构停车楼吊装施工技术 [J] . 施工技术，2016（04）：31-34.

[27] 杜昌盛 . 小型预制构件施工、运输及安装 [J] . 公路交通科技（应用技术版），2015（03）：30-33.

[28] 高平原，朱铁昆，孙宗津 . 混凝土构件新型吊点施工方法 [J] . 水运工程 . 2013（1）：176.178.

[29] 万洋 . 类矩形隧道管片吊装及翻转吊具的设计方法 [J] . 混凝土世界，2016（01）：104-107.

[30] 何旭辉，连彬 . 浅谈装配式钢筋混凝土结构吊装施工质量控制 [J] . 低碳世界，2017（06）：151-152.

[31] 邵子洋 . 工业建筑预制混凝土构件吊装设计 [J] . 建筑，2016（11）：60-61.

[32] 赵勇，王晓锋 . 预制混凝土构件吊装方式与施工验算 [J] . 住宅产业，2013（Z1）：60-63.

[33] 魏庆海 . 吊装施工在混凝土构件施工中的应用 [J] . 科技创业家，2012（6）.

[34] 揭海荣 . 城市综合管廊预制拼装施工技术 [J] . 低温建筑技术，2016（03）：86-88.

[35] 刘自超，肖国栋，乔同瑞，卞伟伟 . 管廊预制拼装施工技术 [J] . 全文版：工程技术 . 2016（7）：98-100.

[36] 张迎新，奚晓鹏，许萌，李利军 . 预制拼装综合管廊防水系统的设计探讨 [J] . 中国建筑防水，2016（16）：26-29.

[37] 郭建涛，油新华，耿冬青，许国光 . 地下工程叠合整体式预制装配技术研究 [J] . 施工技术，2016（22）：59-61＋80.

[38] 郑轶 . 市政共同沟预制拼装施工技术 [J] . 江西建材，2013（05）：54-55.

[39] 任凯 . 节段预制拼装建造连续梁桥方案比选及造价分析 [J] . 铁路工程技术与经济，2017（2）：31-34.

[40] 王少辉，黄胤超，姜明元 . 预制箱涵吊装及工作状态数值分析 [J] . 山西建筑，2016（1）：114-115.

[41] 谭铭 . 关于预制构件安装施工的吊装工艺 [J] . 建筑工程技术与设计，2015（21）.

[42] 易建华，姬翠翠，黄文学，杨银波 . GPS 海上定位技术在预制墩台吊装精调中应用 [J] . 中国港湾建设，2014（4）：50-54.

[43] 师红宇 . 基于机器视觉定位的吊装机智能控制系统设计 [J] . 西安工程大学学报，2017（2）：

216-220.

[44] 岳玉洁，赵建国. 基于 Inventor 三维吊装仿真系统的研究与应用 [J]. 机械设计与制造，2012 (04)：73-75.

[45] 熊畅，张茂永. SU 三维技术在吊装过程中的分析及应用 [J]. 中国机械，2014 (7)：171-172.

[46] 胡玉茹，范卿，曾杨，黄文华. 起重机吊装方案规划三维仿真系统设计与应用 [J]. 建设机械技术与管理，2013 (11)：90-95.

[47] 王晓磊，翟国政，刘历波. 地下综合管廊防水设计分析 [J]. 山西建筑，2016 (29)：75-76.

[48] 何小英. 西部地区地下综合管廊防水施工技术探讨 [J]. 中国建筑防水，2017 (09)：33-37.

[49] 葛照国，王宇航. 大型地下空间主体结构喷膜防水施工技术 [J]. 施工技术，2016 (03)：59-62.

[50] 况彬彬，陈斌. 贵州六盘水地下综合管廊防水设计与施工探讨 [J]. 中国建筑防水，2016 (10)：17-20＋25.

[51] 孔祥臣. 预制拼装综合管廊接口防水性能研究 [J]. 中国建设信息，2012 (11)：50-51.

[52] 黄用安，郭文雄，何小英. 大型综合体地下工程防水施工技术 [J]. 中国建筑防水，2016 (13)：37-41.

[53] 璩继立，杨欢，李陈财，刘宝石. 国内外地下工程防水技术新进展 [J]. 水资源与水工程学报，2012 (06)：111-115.

[54] 朱加圣，王林攀. 浅谈混凝土防腐施工方法及质量控制要点 [J]. 江西建材，2016 (06)：67-68.

[55] 高秀利，刘浩，石亮. 硫酸盐干湿交变作用下混凝土防腐技术应用对比 [J]. 新型建筑材料，2016 (05)：45-48.

[56] 于涛，沈琳琳，刁鹏. 钢筋混凝土防腐技术初探 [J]. 城市建设理论研究 (电子版)，2015 (11).

[57] 陈芳. 复合型混凝土防腐剂研发 [J]. 福建建材，2015 (11)：4-7.

[58] 苏晓锋. 浅谈粉煤灰混凝土防腐技术及其应用 [J]. 民营科技，2015 (12)：51.

[59] 杨大峰，查吕应，魏亚星，张晓庆. 钢纤维混凝土防腐技术试验研究 [J]. 防护工程，2014 (1)：33-39.

[60] 武德涛，师华. 水性涂料在混凝土防腐中的应用 [J]. 上海涂料，2013 (10)：27-31.

[61] 高明，陈琪. 液体硅烷浸渍混凝土防腐施工技术 [J]. 交通工程建设，2013 (2)：35-38.

[62] 刘宗晨. 溶剂型混凝土防腐涂料 [J]. 上海涂料，2008 (06)：44-47.

2 城市预制拼装式地下管廊预制技术

2.1 城市预制拼装式地下管廊成型方式

预制管廊工厂化生产成型方式主要可划分为：芯模振动成型、浇筑振捣成型、高频竖向振动成型等[1]。

2.1.1 芯模振动成型

芯模振动成型方法是通过芯模自身高频率振动，加速水泥的水化程度以及混凝土液化，提高混凝土密实度和强度，从而缩短养护时间，缩短预制管廊构件的生产周期，同时减少成型模具的使用量，降低预制管廊构件的生产成本。然而，针对方形预制管廊构件，芯模的激振力横向传递，而垂直方向的激振力衰减较多，这将引起预制管廊构件四个直角的激振力最小，导致激振产生的效果不明显。因此，预制管廊构件口径一般设置在2.5m×2.5m的范围以内。

芯模振动混凝土生产的工艺方法、程序与成型钢筋混凝土的是一致的，仅插口成型时会出现不同，此时，会对插口处的混凝土施加一定的碾压力，然后经碾压机、下压定位以及搓动的作用使插口成型；在预制管廊构件插口成型时，插口处的混凝土所施加的力仅为单纯的压力，并与芯模振动共同作用达到提浆定型插口的目的。

2.1.2 浇筑振捣成型

浇注振捣成型可生产大尺寸和多孔预制管廊构件产品，有着工艺简单、生产灵活、产品美观、表面光滑的优点。缺点是在需求量较大时，费时费量、生产效率低，较其他工艺，其材料需求量、人员需求量等的生产成本较高。

2.1.3 高频竖向振动成型

高频竖向振动成型能够制作混凝土检查井以及箱涵，其主机采用大型高频板式竖向振动原理；在接口处采用相应的辅助加压振动，能够实现瞬时脱模，因为其属于高频干法生产，与芯模振动成型具有相同的优点。由于与其在相同平面上所受到的振动形式一致，所以能够预制大尺寸、多孔的预制管廊构件。由于自身重力及参振构件质量大的影响，竖向的激振力要比横向的衰减要快。该成型工艺主要生产占地面积大而且矮的预制品。

该成型工艺与芯模振动成型工艺有很大相似之处，所成型的预制品具有强度高、抗渗性好、适应性强、费用低等优点。但是所生产的预制品表面粗糙，生产设备需求量较大。成型设备及工艺流程参见图 2.1～图 2.2。

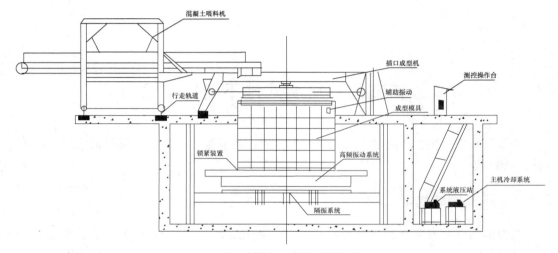

图 2.1　高频竖向振动成型设备

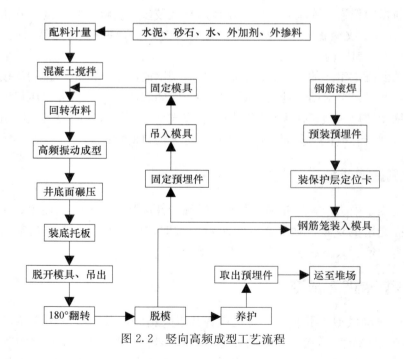

图 2.2　竖向高频成型工艺流程

三种成型方式比较如表 2.1 所示。

表 2.1 三种预制管廊构件成型方式比较

项目	芯模振动成型	浇筑振捣成型	高频竖向成型
生产速度	快	快	慢
操作人员劳动量	小	小	大
自动化程度	高	高	低
产品规格 m	<2.5×2.5	<4×3	规格较大
场地占地面积	小	小	大
生产成本	低	低	高
设备单次投入	小	大	小
总设备投入	小	小	大
对环境影响	几乎无影响	几乎无影响	较大影响
养护条件	自然养护	自然养护	蒸汽养护
产品质量	好	好	好
外观	一般	一般	好

2.2 城市预制拼装式地下管廊模具

2.2.1 预制构件模具结构

（1）底模系统

底模系统由底模的面板、支架及调整座组成。底模系统占据着重要的地位，保证成品的精准度，其他部件与底模系统通过连接构件进行连接。

（2）侧模系统

侧模系统由面板及框架、开合系统、紧固定位机构组成。该系统能够成型管廊构件拼接面，该拼接面在加工中，其精度和稳定性应符合拼接面相关技术的要求。

（3）端模系统

端模系统由面板及框架、开合系统、紧固定位机构组成。该系统能够成型管廊预制构件的端（侧）面，开合动作应保证其简便可靠，且应符合管廊模具易操作的要求。

（4）内模系统

端模系统由面板及框架、平移小车、移动支架、开合系统、紧固定位机构组成。该系统能够成型管廊预制构件的内舱表面，在移动和安装中，两台模具应共用一内模系统，实现节省空间及减少成本的目的。

（5）梯子平台

梯子平台由爬梯、走台、工作平台、护栏等组成。

（6）预设系统

预设系统由基础平台、内模移动轨道等组成。

2.2.2 预制构件模具设计及制作要点

预制构件模具应具有高精密、高可靠、易操作三大优点，并且要有合理的结构、简单的操作、可靠的性能、方便的维修等特点，同时也要满足综合管廊构件工厂化预制生产的要求，使预制构件实现连续、高效的生产能力的目的。

2.2.2.1 高精密性

模具的精度是生产高质量预制构件的重要标准。模具的高精密性不仅表现在底模、侧模、端模、内模等系统部件的加工上，还体现在整体合模后型腔的精度上。管廊模具主要精度要求如表 2.2 所示。

表 2.2 管廊模具主要精度要求

序号	参数	精度
1	长度规格、宽度规格、对角线规格	≤0.5mm
2	表面平整度	≤1mm
3	端模及侧模的垂直度	≤0.3%
4	拼装后顶面长度、宽度、对角线尺寸	±1mm
5	端模高度	±1mm
6	预留螺栓孔孔径	±1mm
7	止水胶条预留槽的轴线半径	±0.5mm
8	止水胶条预留槽中心线位置	±0.5mm
9	吊装孔装置螺栓孔间距	±0.5mm

2.2.2.2 高可靠性

管廊模具应具有一定的可靠性，并且各部件设计也应满足往复使用的要求，保证其运作的稳定可靠性，其设计寿命不应低于 800 次。侧模、端模及内模系统应实现高精密、高可靠性的开合动作，并且保证相应系统的开启和回位具有准确可靠性。面板应采用优质的平板，一般通过数控等离子切割方式进行切割下料，能够保证其下料的精准度。各部位构件的焊接要保证其焊缝的质量，尽量减少焊接变形的发生。对于完成焊接的构件，应对其进行预处理来消除焊接过程中形成的应力，再进行相应的机械加工，以保证生产的构件具有耐久性、不变形的特点，确保长期施工中模具具有稳定的高精度性。

2.2.2.3 易操作性

管廊模具各部件应保证其具有简便的操作，管廊模具间的连接应通过特殊构件进行连接，不仅要保证预紧力，还要相应减少旋紧所需的时间，同时还要具有方便的清扫能力。连接构件应保证其具有额定的预紧力矩，不仅能够给工人检测带来方便，还能确保合模的到位，满足综合管廊构件的生产节奏需要。

2.3 城市预制拼装式地下管廊预制流程

图 2.3 所示为制作工艺流程图。

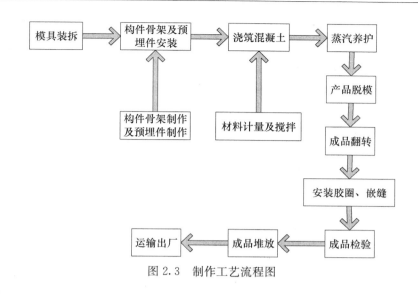

图 2.3 制作工艺流程图

2.3.1 模具装拆

将模具表面及孔缝处的积垢用油灰刀、抹布妥善清理。使用专用工具清理特殊部位，如灌浆孔座、手孔座等。其顺序要按照从内到外、从底到四周的顺序进行清理。同时检查密封条、垫，要保证其封密、不漏浆，并检查模具清理是否合格，不合格的需再次进行清理。

按规定要求，由专业负责人配兑脱模剂，同时搅拌均匀。用滚筒刷、小刷子对模具内表面、盖板内侧进行涂抹脱模剂处理。其涂抹顺序按照从底模到侧模再到端模，按要求涂抹均匀，无死角、不流淌。定期对模具的一些固件进行清理上油，以保证其润滑且不锈蚀。使用后的滚筒刷、小刷子要及时清洗，方便下次使用。

在钢筋笼入模完成后，施工人员要校正钢筋骨架。校正骨架主要是在横向、纵向的螺栓孔位置由施工人员通过对连接螺栓的紧固，从而达到对模具进行固定的作用。然后再由专业质检人员检测紧固螺栓的紧扣程度，并对其进行调校，合格后再进行下一步工序。

2.3.2 钢筋工程施工

2.3.2.1 钢筋进场检验

（1）钢筋进场前应严格按要求检查品种、级别、规格、数量，要保证其要与材料单一致，同时检验报告以及复验报告等证明文件要确保齐全，并从中进行试件的抽取来进行力学性能的检验，看其质量与标准规定是否符合。

（2）钢筋进场前和使用前均应进行相应的检查，主要检查外观、质量、平直度、损伤情况、夹渣现象、老锈等以及是否满足力学性能等要求。钢板以及焊条等的进场前也应进行相关检查，其检测与钢筋检查相同。

2.3.2.2 钢筋存放

（1）进场的钢筋需要按照相应要求存放，钢筋根据品种、规格、级别分类挂牌存放，由材料员和保管员验收入库，钢筋存放要求上盖下垫，防止生锈。

（2）应检查钢筋的合格证、检验报告和复验报告等，并且对钢筋外观及直径进行相关检查。钢筋的质量指标尤为重要，必须对其进行严格的检查，按批检查直径、同炉号、同生产工艺等的钢筋，以 60t 为一检验单位进行检查，不足 60t 时也作为一检验单位，对其进行合理随机的见证取样。在取样时监理工程师应在现场监督，在抽取的两根钢筋上分别截取两根长度约 450mm 的抗拉试件及两根长度约为 350mm 的冷弯试件，并将其放进试验箱后，由监理负责封箱或者监送到试验室，当测试结果报告有一项不合格时，则再取双倍样品进行复试。只有当复试报告结果达到合格标准时，并得到专业监理工程师签认，则该批钢筋方可加工使用。其他材料应分类存放，采取隔潮措施。

2.3.2.3　钢筋加工

钢筋加工前，由于加工工艺的区别，需要事先根据设计的规格及长度和数量等，来确定核算不同规格钢筋的下料长度，以确保下料的准确。

在钢筋进行具体的加工制作时，首先需要检查下料表是否准确、完备，然后每种钢筋再按照下料表进行进一步的检查，此后，才可以根据下料表放出钢筋实样，只有在检查满足要求后才能进行成批制作，并且对加工完成的钢筋挂上标牌，且钢筋的堆放应整齐有序。

在钢筋加工处理时，钢筋的表面应尽量保持干净，不得在粘着油污、泥土、铁锈等污染物时进行加工，必须在加工前将钢筋表面清理干净。当采用机械对钢筋进行调直时，应要保证其调直的质量，不允许有局部的弯曲、死弯、小波浪形等不良现象的出现。在钢筋切断时应对其进行合理切割，根据不同的钢筋号、直径、长度和数量进行长短搭配，断钢筋时应先断长料后断短料，避免钢筋短头的浪费，节约钢材。

钢筋加工进行弯制处理时，在正式进行弯制前，应放样进行弯曲点的确定，根据不同钢筋不同的回弹强度分别确定相应的弯曲角度。当试弯合格后，对有关的技术数据进行确定，然后才可对钢筋进行批量弯制。

在钢筋进行弯曲处理后，其弯曲部位会形成圆弧状，一般弯曲后的尺寸就会小于下料的尺寸，所以应严格考虑弯曲调整值。钢筋在弯曲过程中所形成的弯曲直径 D 应保证在钢筋直径的 5 倍以上。钢筋下料长度应考虑构件的尺寸、保护层的厚度以及弯曲调整值等因素的影响，钢筋加工所产生的偏差不应大于规范所规定的偏差。

当钢筋成品料长度不足时，应对其采用对接压力焊法对接至足长时，再进行弯制处理。对焊人员必须经专门的对焊工艺培训，当检验合格后即可上岗操作。不同钢筋在加工处理成型后其误差不应超过规范的规定范围：受力筋全长净尺寸偏差应在 10mm 范围；箍筋各部分长度的偏差应在 5mm 范围内；在弯起筋弯起位置的偏差应在 20mm 范围，大体积混凝土偏差应在 30mm 范围；钢筋转角的偏差为 3mm；制成箍筋的圆筋为 6～12mm，由于其受力主筋的直径不同，其末端弯钩长度一般取 75～105mm 为宜，应在下料前以具体的计算来确定。要对加工后的钢筋按照规格大小的不同进行分类，且在不同类型前进行挂牌，便于识记，同时要保证成型钢筋在存放及运输中不再发生再次变形。如图 2.4 所示为编织骨架（钢筋）钢筋靠模。

在矩形主筋制作过程中，外弧主筋的制作比较难，每环由四根各有两个圆弧的钢筋组成一个矩形顶管钢筋环，其中弯弧的半径较小，弯弧段的长度又短，且要求的精度较高。因此，在钢筋的弯曲制作加工前，首先要在弧交界点标上记号，然后在保证直线段不弯的情况下，用三辊弯弧进行钢筋的弯制，且弯制成半径 R 为 $90°$ 的弧。当弧弯制好后，经检查合格后，在弯弧机操作平台上做好弯制时必要的位置标记，便于钢筋的继续弯制。且三辊弯弧机要有点动及倒转的功能，以便于应对弯制过程中出现的一些问题。

图 2.4　编织骨架（钢筋）钢筋靠模

2.3.2.4　钢筋焊接

加工成型的钢筋按照施工图纸摆放到钢筋焊接工作工装上进行焊接，焊接质量是确保钢筋整体强度的重要环节。钢筋焊接主要采用双面闪光对焊的方式进行焊接，钢筋焊接前应提前做一些相应的准备工作，如焊接前清理钢筋毛刺、铁锈、油污、氧化膜等，同时对钢筋进行打磨抛光，不允许有氧化现象的产生。同时钢筋端面要切平，以便于钢筋接口处的良好结合。需要对正其两侧的夹具，使得对接的两根钢筋的轴线在一条直线上，还需保证两根钢筋之间的局部间隙在 3mm 以内。

对焊时施压要均匀有力，根据钢筋直径不同控制在 $30\sim40MPa$，以达到两根钢筋密合良好。不同直径的钢筋对焊时其偏差不得大于 7mm。对焊及点焊严格按规程操作，焊接人员持证上岗。

当钢筋的焊接完成后，待接口颜色冷却变成黑色时，将夹具取下，然后将焊接完成的钢筋取出，取出过程中应避免出现弯曲的发生。当焊接完成后，应及时检查焊接接口外观是否合格，对于不合格的接口应切除重新焊接。

所有焊接操作人员，要确保各类电焊机处于良好的工作状态，及时掌握各种电焊机的主要性能及参数，根据母材及天气等情况，选择最佳的参数用于实际操作，确保焊接质量。

2.3.2.5　钢筋笼"安制"

在钢筋"安制"前要对其规格、尺寸、形状、数量、定位工装等做重新核实工作，按设计图纸和配料单检查其设计、配料单、实物三者吻合，吻合后才能进行"安制"。

"安制"前，根据设计资料为了保证"安制"后的钢筋能够符合要求，在定位工装平台上进行布筋，然后根据不同部位的情况来设置架立筋。钢筋"安制"是通过铅丝进行绑扎以及点焊来完成的，绑孔所使用的铁丝一般为 20～22♯，并且要按照规范及规程的规定来确定绑扎的点次以及绑扎的方法。

钢筋的绑扎接口应符合下列规定：

（1）在钢筋进行绑扎作业时，其钢筋绑扎搭接长度末端要与钢筋弯折处的距离保持在钢筋直径的 10 倍以上，并且接口位置应避开构件弯矩最大处。

（2）在钢筋进行接口绑扎作业时，其受拉区Ⅰ级钢筋接口绑扎的末端需要设置弯钩，接口绑扎在同一横截面时，受拉区接口的截面积应占受力筋总面积的 50％以内，绑扎接口在 25％以内，且其中受压区的绑扎接口也在 50％以内。

（3）用扎丝将钢筋搭接处在中心及两端处进行捆扎。

（4）钢筋的绑扎中，其受力筋的接口应错开分布，受拉筋绑扎接口的搭接长度要满足设计要求，在钢筋的最小弯矩处进行受力钢筋焊接和机械接口的设置并使其错开分布。

（5）钢筋的绑扎中，非焊接的绑扎接口只有在受力钢筋的直径小于 25mm 的情况下采用。

（6）应按照结构设计的要求来确定受力钢筋混凝土保护层的厚度。根据设计要求绑扎、安装，以保证钢筋位置的正确安置。

（7）在钢筋笼绑扎过程中，在企口承口四面预埋 PVC 管各 1 根，$\phi14mm$，PVC 管长度根据企口承口壁厚确定，预埋 PVC 管作为检查孔及注胶孔使用。

在预制管廊构件上需要进行吊装孔的安装，安装位置位于构件左右两面中轴线上下各 0.5m 处，并选择合适的两个钢管与钢筋骨架进行焊接，钢管尺寸为 $\phi125mm\times10mm\times220mm$，同时采用 $\phi140mm\times4mm$ 钢板进行封堵，吊装前在 $\phi125mm\times10mm\times180mm$ 钢管内安装 $\phi110mm\times350mm$ 铁销作为预制方涵构件吊耳，满足预制方涵构件的吊装施工。

由于钢筋工程的隐蔽属性，要做好隐蔽工程记录及钢筋预埋构件的验收工作，在现场监理工程师的审批同意后，才能进行混凝土的浇筑工作。图 2.5 所示为钢模组装。

图 2.5　钢模组装

钢模组装工序：内模设置完成后，在底模安装后焊接完成的钢套环连接筋，当钢筋骨架完成入模时，对承口内衬的钢环连接筋进行相应的焊接，钢筋骨架完成入模后，根据要求对预埋钢板、压浆孔、注浆孔进行相关焊接，然后再进行外模的组装，将吊装孔固定在外模上来确定吊装孔的位置，当外模完成组装后，再进行焊接插口预埋钢环的安装。

2.3.2.6　钢筋保护层

控制混凝土的保护层采用混凝土垫块，厚度与设计的保护层厚度相等，垫块尺寸3cm×3cm，垫块采用大于C25的砂浆强度，制作过程中应加强养护措施，当满足设计强度的85%以上时才能投入使用。当垫块使用在垂直结构中时，可将20♯的绑线埋入垫块中并用铁丝将之捆扎在钢筋上，根据现场的情况合理地布置垫块的间距，一般底板底层和墙体钢筋垫层的放置密度为每平方米一块，且布置呈现梅花形。垫块的布置应合理牢固，避免其自身发生位移和滑落，且利用扎丝将之捆扎于受力钢筋上而不要将之置于非受力筋上；要在混凝土浇筑前对垫块进行全面的检查，避免缺少或损坏现象的出现。

2.3.3　混凝土浇筑

混凝土在浇筑时，自混凝土在搅拌站完成卸出后，应尽快地在第一时间将其送往浇筑地点进行浇筑。运输中，要保证混凝土不出现离析、水泥浆不发生流失、坍落度不发生异常等。对于混凝土发生离析现象时，应及时采取措施解决，如二次拌和，然后再进行混凝土的浇筑。混凝土坍落度与当时气温有较大关系，但一般情况下应将混凝土坍落度严格控制在140～180mm之间。

由表2.3规定可知，混凝土从搅拌机中卸出后到浇筑完毕的时间。

表2.3　混凝土从搅拌机卸出至浇筑完毕的时间（min）

混凝土强度	气温	
	低于25℃	高于25℃
>C30	120	90
<C30	90	60

注：掺用外加剂或采用快硬水泥拌制混凝土时，应按试验确定。

当混凝土进行泵送时必须保证其进行连续泵送，当故障发生导致泵送的不连续，泵送发生停止且在45min以上或混凝土出现离析现象，遇到此现象发生时，应及时进行处理，保证管道畅通。

在混凝土浇筑中，需要遵循方向、浇筑顺序、厚度分层的原则进行混凝土的浇筑。同时浇筑要保证混凝土水平分层，且分层的厚度应在30～40cm。

振捣采用插入式振动棒，振动棒插入深度一般为前一次的振捣面以下5cm范围以内，且每次的振捣时间不得小于2min。振动棒移动间距建议保持在振动棒半径1.5倍左右的范围内，并且振动棒要与侧模保持5～10cm。振捣过程中需要将振动棒置入下层混凝土的5～10cm，完成一次振捣后便将之缓慢提出。

振动棒振捣加密过程中，要保证模板、钢筋不受振动棒的影响；振捣过程中，振动密实标准可依据混凝土是否继续下沉，是否仍有气泡冒出，以及表面是否呈现出平坦泛浆现象。在进行混凝土的浇筑过程中要让各工种对钢筋、支架以及模板进行检查，防止意外情况的产生，当出现问题时要做到处理及时到位。

2.3.4　箱涵养护与拆模

2.3.4.1　蒸汽养护

混凝土浇筑完成并初凝后，应对预制方涵构件进行高温蒸养。蒸养采用定制的蒸养罩，将预制方涵构件带模具用蒸养罩整体罩住，对蒸养罩底部进行密封，防止蒸养过程中蒸汽外泄，为了环保蒸养设施采用蒸养罩蒸汽蒸养。图2.6所示为蒸汽养护罩示意图。

图 2.6　蒸汽养护罩示意图

混凝土蒸养阶段包括四个阶段，分别是静停阶段、升温阶段、恒温阶段以及降温阶段。静停阶段的环境温度应保持在5℃以上，升温阶段，温度的升高应在每小时15℃以内。恒温阶段，应把温度控制在60℃左右保持4h的蒸养即可停止。降温阶段，预制方涵构件在蒸养棚内降温速度控制在10℃/h以内，降至预制方涵构件表面温度与环境温度相差不超过5℃，方可将预制方涵构件移出蒸养罩。在蒸养过程中安排专人对温度的升降和时间有效控制并详细记录。

首先预制方涵构件已浇筑完毕并静停2h，浇筑后预制方涵构件已初凝且检查无异常，蒸养罩及设备移至预制生产区，用蒸养罩将已初凝后的预制方涵构件严格封好，检查蒸养设备、蒸养罩的密封情况并调试蒸养设备，待一切准备就位后，开始启动蒸养设备进行升温，在升温过程中注意控制升温速度在15℃/h以内。严禁升温过快或过慢，否则影响预制方涵构件的抗压强度及性能。当温度达到60℃以后开始恒温蒸养，进行恒温蒸养4h后即可停止蒸养，恒温蒸养结束后，在蒸养棚内开始对预制方涵构件进行降温养护，降温速度严格控制在10℃/h以内，温度降至预制方涵构件表面温度与外界环境温度相差不超过5℃，方可将蒸养罩移走，预制方涵构件拆模后移至自然养护棚内进行自然养护。

2.3.4.2 预制方涵构件拆模、自然养护棚养护方案

预制方涵构件在蒸养完成后，达到设计强度的50%且停止蒸养1h以后其蒸养罩内外的温差不大于5℃，就可以拆模。其拆模的顺序是由内而外、由上而下。在拆除过程中要按顺序一步一步拆除，模具拆除完，预制方涵构件和底模一起用龙门吊移出模具，运到指定成品自然养护棚进行洒水自然养护。进行拆模时用撬棍撞、撬模板是不允许的。自然养护达到设计强度的75%后，方将预制方涵构件移出自然养护棚进行翻转。

2.3.4.3 预制方涵构件翻转、摆放方案

对于吊带、钢丝绳与预制管廊构件棱角接触的地方应采用护垫进行保护，吊装时，应保证预制管廊构件轻起轻落，所有行动应遵从专业人员指挥。

当预制管廊构件强度满足设计强度的75%后，便可将预制构件移至自然养护区内进行养护。运输时，需将预制品移出托盘，翻转预制品。为方便存放，应将原预制品进行翻转，置为以底板着地，预制品的存放高度应为两层。

2.3.5 闭水检测标准

如图2.7所示为闭水检验流程图。

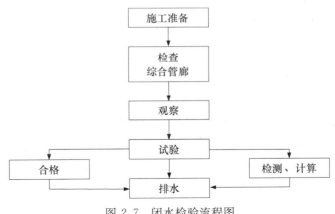

图2.7 闭水检验流程图

2.3.5.1 预制方涵构件注水

注水前预制方涵构件堵板封堵密实，经检验合格，向预制方涵构件内注水。水自预制方涵构件低端注入，水注满后为使预制方涵构件内壁及接口材料充分吸水，浸泡时间不少于规范规定的时长。

2.3.5.2 闭水试验

(1) 预制方涵构件浸泡符合要求后进行试验，试验水头为预制方涵构件顶以上2m，如上游预制方涵构件内顶至检查口的高度小于2m时，根据《市政工程质量检查验收标准》闭水试验水位至井口为止，可满足施工要求。

(2) 当试验水头达到规定时开始计时，观察预制方涵构件渗漏量，直至观测结束，为了保持试验水头的恒定，过程中要向预制方涵构件内补水且不能间断，对于渗水量的观测时间应在30min以上。

（3）按下式计算实测渗水量：

$$q=W/TL$$

式中 q——实测渗水量 $[L/(\min \cdot m)]$；

　　W——补水量（L）；

　　T——观测时间（min）；

　　L——试验管端的长度（m）。

（4）预制方涵构件铺设完毕后要及时通知甲方指定的第三检测方和现场监理进行预制方涵构件系统的闭水试验工作，实验合格后由土方施工方进行预制方涵构件管沟回填。

2.3.5.3　检查要点

（1）预制方涵构件必须逐节检查；

（2）预制方涵构件及检查井外观质量已验收合格，以无漏水和无严重渗水为合格；

（3）预制方涵构件灌满水后浸泡时间，钢筋混凝土管浸泡时间不得少于规范规定的时长；

（4）预制方涵构件闭水试验，在现场实测实量、实地计算，并填写相关表格，作为隐蔽验收记录。

2.3.5.4　闭水试验注意事项

由于闭水段封口易出现不密实的现象，同时在井内不易被发现，于是在对其进行处理时，则应注意以下内容：

（1）采用砌砖墙封堵时，砌堵前要做好充足准备，需要对管口半米左右的内壁进行清理，而后在其上涂刷水泥原浆，并且浸湿砖块备用。

（2）采用强度等级大于 M7.5 的砂浆进行砌堵作业，并且稠度良好。

（3）采用强度等级大于 M15 的砂浆进行勾缝和抹面作业。若管径较大，需要对其进行双面勾缝、抹面；若管径较小，则不需要，只需对外表面进行勾缝、抹面。以上作业应依据防水的 5 层施工法来进行抹面作业。

（4）为了质量得到保证，需要在井砌筑前进行相应检查。为了方便排干和试验的相关检查，需要对管内底处预先设置排水孔。

2.3.5.5　综合管廊渗水情况处理

闭水试验是对预制方涵构件施工与材料质量实施全方位的检验。如发现渗漏现象，应及时在渗漏处做出相应标记，首先应将预制方涵构件内的水排干，然后再对其进行认真处理。而后再进行检验，直至闭水检验达到合格标准为止。

2.4　城市预制拼装式地下管廊预制施工技术措施

2.4.1　预制场地选择要求

2.4.1.1　场地选择

场地根据工程实际情况选定。场地采用封闭管理设置进出口，场地规划区域内预留施工便道，并在进出口位置按规定悬挂张贴各种标识。

2.4.1.2　场地布置

预制场的布置严格按照标准要求、符合职业健康安全和环境管理体系和 HSE 作业指导书的要求设置各种安全环境防护设施，要配备齐全，满足安全文明生产要求，污水排放及垃圾处理严格按地方政府部门相关规定执行。

（1）场地平整

清除、整平、振动压实预制场地，铺设 20cm 厚水泥稳定碎石基层，平整并振动压实，厂区主便道在水泥稳定碎石基层上浇筑 15cm 厚 C20 商品混凝土，钢筋加工、安装区，预制、生产区，预制方涵构件自然养护摆放区浇筑厚 10cmC20 商品混凝土。在龙门吊轨道架设位置开挖深度为 60cm 基槽，浇筑混凝土并设轨道铺设沟槽。还要做到这三点：

① 现场需要清理平整范围。包括预制场地、连接施工作业带与现有运输道路、预制场地内的通道。

② 将预制场地中的荒草、树木、石头、废弃构筑物进行清扫处理，以免对施工机械运行造成阻碍，并填平沟、坎以及存在积水的低洼位置，也可以进行换填，充分保证地面的平整度和承重抗压能力。

③ 预制场地清理、平整遵循以节约征用或少占用土地、不阻碍交通、不破坏建筑物、设施、古迹等，防止环境污染、水土流失。

（2）管道施工

由于预制构件的养护需要，需要在加工场内的每个预制区铺设进水管道，管道铺设在加工场边缘，每块预制区域安装一个水龙头。同时在成品养护区同样铺设管道用于养护用水的供给，并在靠近便道一侧修筑一条排水槽，用于养护用水的排出。每条进水管道连接至蓄水池，蓄水池采用砖墙砌筑而成，长 5m，宽 3m，高 1.5m。内侧收平抹面，边角涂防水涂料。

（3）场地硬化

加工场内已经采用 20cm 厚 C20 混凝土硬化，有个别需要修补的地方采用凿除旧混凝土、重新浇筑的方式硬化。混凝土浇筑采用人工整平和平板振捣器振捣。待表面初凝时，用磨光机进行收面。

加工场场外的成品养护区，根据需要选择性硬化数块养护场地，同时也用 20cm 厚 C20 的混凝土进行硬化且使得其留有 2％的斜坡，利于养护用水汇流到排水沟。待表面初凝时，用磨光机进行收面。

（4）施工用电布置

① 按《施工现场临时用电安全技术规范》（JGJ 46—2005），在工程中专用的电源中性点一般采用直接接地、电压为 220/380V 的低压电力系统，其采用 TN-S 接零的方式来进行保护，并保证其"一机一箱一闸一漏"和三级配电两级保护。现场施工用电布线将从硬化地面下预埋管线穿越，在用电的地方要事先留好接口，在配电箱的照明部位需用一个两级漏电保护器及一个刀闸开关，一般照明和动力共用一个配电箱但不能同在一个用电线路上。

配电箱、开关箱放置位置应有充沛的空间，且周围不要堆放杂物，保证足够两人使用的操作或维修时的操作空间，并且应保证其装设位置的干燥通风和常温的状态。

②预制构件加工场临时用电

预制构件场考虑使用一台 250kV·A 变压器，为生活及生产提供用电。其电路采用三相交流的方式，并将全部的用电线路埋设于地下，为保证用电的安全，采用两级漏电保护措施，并且在配电箱和开关箱都设有漏电保护器。

在配电中，配电箱内的多路配电都应标记，同时应装有门、锁和其他防雨措施，保证其恶劣天气下的用电安全，同时还要保证开关箱的铁壳接地。保证所有电气设备的完整性且无破损，保证其性能的良好。所使用插座应装有触电保护器，且要保证其性能的可靠，定期对触电保护器进行试验。禁止铜丝、铁丝等用做保险丝。保证一个开关上只连接一台设备。保证夜间的施工，晚上要有满足安全施工的照明。

（5）施工消防布置

①易燃易爆物品应妥善存放，符合安全规定，并由专人保管、发放、回收。

②明火不得出现在禁火区内；焊割作业满足"焊割十不准"准则。

③应加强对电气线路及设备的检查及维修工作，对于电气设备的安装以及拆卸、检修应由专业人士进行。

④预制场内各功能区在明显位置设防火设施，配备 8 个灭火器。

⑤项目部每月组织一次消防措施检查，保证消防设施的合格。

（6）标牌建设

①在标牌建设中，应建 2m 高围墙，且在进出场时设有大门隔开，设有防护栏杆和砖砌挡墙在养护区四周的方式对加工场区进行封闭式管理。

②在标牌建设中采用"八牌一图"的建设标准，"八牌一图"放在进入工地入口处，其他承建标牌，进出管区指示牌，工点名称牌，配合比牌，交通、安全警示牌，形象进度牌，材料牌，机械设备状态牌，操作规程牌按安全标识牌功能布置。

③预制场出入口、场内均设置禁止、警告、指令标志。

（7）标志建设

①在标志建设中，不同场所设有不同标志，应在焊接、切割等具有危险的施工场地设置警示、禁止标志，并且在安全通道设置相应的禁止标志。在易燃易爆气体（氧气、乙炔）的场地，也需要设置相应的警示、禁止标志。应在不同气瓶上刷上相应的标准色，保证不同气瓶之间的距离在 5m 以外，在采取隔离措施的情况下，保证危险气体的气瓶与明火之间有 10m 以外的距离。加强气瓶存放安全的管理，并应各自设有防震圈和防护帽来确保其安全。在加工场的相应位置应设有相应的禁止和警告标志，如在用电场所及容易发生火灾的危险场所，安全警告标志的设置极有必要，为方便找到，在消防器材存放处应设有提示标志，在各作业区应设有相应的分区标志牌。

②在机械设备上悬挂相应的机械操作安全规定公示牌及设备标志牌。

③按规定对现场材料的名称、生产地、型号规格、生产时间、出场的批号、进场的时间、检验的状态、进场的数量、使用的部位等采用统一材料的标志牌进行标志。

④应在加工制作区场地内悬挂有长 80mm、宽 60mm 的各号钢筋的大样设计图，并标明其尺寸大小及用料部位，以保证精准的下料及加工。

2.4.1.3 保障措施

（1）安全保障措施

① 为保证各种机具设备和劳动保护用品的安全正常使用，应定期对其进行必要的检查和试验。

② 在相对危险的地区应挂有安全警示标志，并在夜间以设置红灯的方式来进行警示。并且要保证足够的照明亮度来确保夜间的安全施工，当场地不大且狭小的情况下，应有临时的交通指挥系统。

（2）环境保护措施

① 施工时尽量在保护植被的条件下进行，以最大的限度不去破坏植被，尽量维持其原生态状态。

② 营造良好的工作施工环境。在生活区周围可以种植花草树木来进行生活环境的美化，在施工及生活区设置充足的卫生设施，并且及时进行处理。

③ 对施工和生活中产生的有害物质及时进行安全卫生处理，并应及时对其进行掩埋处理，以减少有害物质对环境造成的污染。

④ 当在生活水源附近进行施工时，应采用开挖沟壕或堤坝的方式，使施工与生活水源之间隔开，以减少其对生活水源造成的污染；施工和生活产生的废水应按照有关规定进行严格处理，避免其直接流入农田、河流和渠道，从而对环境造成破坏。

⑤ 生活区和施工现场所产生的垃圾及报废材料以及施工中的废弃零件，包装箱水泥袋等应及时运出现场，并对其进行集中处理，以维护较好的工作环境及保护自然景观。

2.4.2 模具前期处理技术措施

2.4.2.1 清模

将模具表面及孔缝处的积垢用油灰刀、抹布妥善清理。使用专用工具清理特殊部位，如灌浆孔座、手孔座等。其顺序要按照从内到外、从底到四周的顺序进行清理。同时检查密封条、垫，要保证其封密、不漏浆，并检查模具清理是否合格，不合格者需再次进行清理。

2.4.2.2 涂脱模剂

按规定要求，由专业负责人配兑脱模剂，同时搅拌均匀。用滚筒刷、小刷子对模具内表面、盖板内侧进行涂抹脱模剂处理。其涂抹顺序按照从底模到侧模再到端模，按要求涂抹均匀，无死角、不流淌。定期对模具的一些固件进行清理上油（自动线模具倒板轨道、固定线模具紧固螺栓），以保证其润滑度不锈蚀。使用后的滚筒刷、小刷子要及时清洗，方便下次使用。图 2.8 所示为脱模剂示意图，图 2.9 所示为方涵涂脱模剂示意图。

施工时，在模板内表面处需要涂刷调制合理比例的脱模剂，这是为了减少混凝土与模板之间的粘结力从而方便将其分离，就不会造成脱模时发生模具破坏，并能保持混凝土有平整的表面，同时起到保护模板的作用，以防模具产生变形甚至锈蚀，方便脱模后清理，同时节约后期维修费用[2]。因此，脱模剂必须满足以下几点要求：

图 2.8　脱模剂示意图

图 2.9　方涵涂脱模剂示意图

（1）要具备较好的脱模性能：在拆模时，模板与混凝土应能轻松顺利地分离，不应产生凹坑等不平整现象。

（2）涂敷简便、成模速度快、拆模简便且易清洗：脱模剂通常以涂刷、喷涂两者并用为最理想，成模速度要迅速（一般 20min 之内），而且拆模后做到容易清除，能够有效达到高质高效的目的。

（3）不能对混凝土表面的装饰产生影响，并且不留印痕、返黄变色等。

（4）不能对钢筋、混凝土产生有害影响：不对混凝土与钢筋间的握裹力产生影响、不改变混凝土的凝结时间，不含对混凝土性能产生有害影响的物质。

（5）保护并延长模板寿命：木模表面应采用能渗入模板的脱模剂，并且对模板起维护和填缝作用，模板多次使用会出现膨胀、隆起、开裂等一系列问题，要能够防止该系列问题出现。钢模用脱模剂应具备一系列防腐、防锈蚀等功能。

（6）具有优异的稳定性：应表现出优异的储存能力和稳定性。

（7）具有较好的耐水性和耐候性：在现场施工过程中，难免会出现或多或少的降雨天气，在露天情况下，脱模剂应具备防冲刷能力，即在降雨时，脱模剂应能保持良好的脱模性能；热养护作业时，脱模剂也要表现出耐热性；同时温度低的时候，还应体现出抗冻的性能。

2.4.3　钢筋笼加工技术措施

2.4.3.1　钢筋加工

（1）人工矫直

对于钢筋弯曲处应先置于板柱间，再用工具对其弯曲处进行人工矫正，然后用平直锤拍平，如无平直锤，也可用大锤在工作台上慢慢拍平，直至合格能正常工作为止。

（2）钢筋的除锈

钢筋表面要保持整洁干净，及时清理表面污染物。还应注重点焊处的铁锈和水锈，并且在焊接前进行清理。

（3）钢筋切断

钢筋切断采用钢筋切断机进行加工处理，以下为施工方法与注意事项：

① 在使用前，先根据钢筋的粗细调整刀片位置，其平面间隙以 0.5～1.0mm 为宜。刀片要安装正确、牢固，润滑油要加足，经空车试验正常，尚能进行操作。

② 要在活动刀片后退时进料，不要在前进时进料，以免发生事故，断切短料要用钳子夹住操作，不能直接用手，机身上铁末、锯屑，要用毛刷清扫，不要用手抹、嘴吹。

③ 钢筋加工全长长度偏差不大于 10mm。

（4）钢筋弯曲

首先，根据钢筋设计图进行画线和选料，钢筋直径小于 10mm 时采用人工弯曲；直径大于 10mm 时，宜采用弯曲机进行加工，钢筋弯曲严格按照规范要求，弯起钢筋的弯起位置偏差不大于 15mm。

2.4.3.2　钢筋绑扎

（1）钢筋应按设计图纸要求进行绑扎。

在进行钢筋绑扎施工中，钢筋品种、规格、形状、位置等均按设计要求进行施工作业。钢筋绑扎搭接口所在的连接区段长度应设置 1.3 倍的搭接长度；梁、板等构件不大于25%；对于同一构件，处于相邻纵向受力钢筋的绑扎搭接接口应相互错开。

（2）钢筋接口宜采用手工绑扎、人工焊接或自动焊接成型。

有关人工焊接焊点数量的设置有一定的要求，焊点数量要大于总连接点的一半，并且要均匀布置，钢筋的连接有明确规定，要符合《钢筑焊接及验收规程》（JGJ 18—2012）中的有关规定[3]。若设计没有特殊明确规定，箍筋一般与主筋垂直。

（3）钢筋骨架需要保证有较强的刚度，并且要求钢筋骨架绑扎牢固，混凝土浇筑作业时，要保证钢筋骨架不出现松动或变形的现象。

（4）需要在箍筋转角与主筋、架立筋交接点的位置上做好相应的绑扎，并且在箍筋平直位置与主筋相交处需要采用间隔交错绑扎成梅花形式。

（5）箍筋的重叠在柱的四角交错捆绑，不应集中在主肋上。

（6）钢筋骨架的尺寸确保准确，在钢筋的汇交点，选用 0.7～2mm 直径的细铁丝作为扎丝，依次改变方向（8字形）非并列绑扎，或依据双对角线（十字形）方式绑扎。

（7）钢筋骨架的钢筋间距不得大于 400mm，直径不得小于 10mm。配筋率应符合计算要求，横向纵向筋应均匀配置，其间距偏差不得大于 100mm。

（8）钢筋保护层因符合图纸要求，选取相同强度等级的混凝土垫块，交错设置保护层垫块。

2.4.3.3　钢筋笼检查验收

钢筋笼起吊前，检查钢筋笼各个绑扎连接情况，确认对吊点位置进行了加强焊接处理。对吊车须检查钢丝绳的完好情况，挂钩要有卡扣。通过调整吊车四个支点的位置使吊车保持在一个平面上后才能起吊。

（1）吊装程序的检查

① 吊装前，对钢筋笼绑扎质量进行全面检查，钢筋绑扎质量符合相关规范要求。

② 钢筋吊点布置必须对称布设，防止在吊装过程中钢筋笼产生偏斜。

③ 钢筋笼入孔前应吊直扶稳。

（2）吊装前重点检查项目

① 各安全防护装置及各指示仪表齐全完好。

② 钢丝绳及连接部位符合规定。

③ 检测起吊设备的安全性，确保所有连接没有松动。

④ 吊车司机等操作人员应持有相关的操作证和工作证，禁止无证作业人员使用起吊设备。

⑤ 钢筋笼吊装应有专职人员统一发令，动作要协调配合，无关人员不得进入钢筋笼吊装区。

⑥ 吊装时，现场所有人员必须佩戴安全帽。

⑦ 当有大雨、大雪、大雾以及超过 6 级大风等极端天气时，应停止起吊作业。

（3）吊车操作安全措施

① 经检验合格且具有设备经营证的经营者可允许操作，操作应符合相关的安全和交接制度。

② 硬化的水平地面是吊车的工作和行走路线的前提，而强度低的地面应提前硬化。与沟渠及基坑边的间距应在合理范围内。

③ 在启动吊车之前，必须检查仪器、水、油、制动器和保险，并进行试验，以确保操作的安全可靠。

④ 吊车作业中禁止在斜坡地带带着重物回转臂杆，在满载负荷时禁止同时进行两种动作操作，更不得行走或降臂杆。

⑤ 吊车头尾回转范围 1m 以内应无障碍物。

⑥ 吊车行驶时，回转盘、动臂杆、吊钩都应制动。

⑦ 指挥吊车信号要明了。驾驶员和信号指挥人员应相互协调工作，在驾驶员接收到指挥员的明确信号后，即按下电铃进行操作，若信号指挥员发出的指挥信号不清晰，操作员立刻停止工作。

⑧ 在运行过程中发现，当起重机倾斜、支腿失稳时，即使在重载下也应安装在安全的地方，在下坡时严禁刹车。货物超重时不能起吊。

⑨ 钢丝绳应符合规定，按规定进行润滑。并经常检查，发现断丝数大于等于 12 个丝时，应停止作业，立即更换钢丝绳。

⑩ 光线明暗，看不清吊物时不能起吊。

⑪ 雨、雷、强风天气不能起吊。

⑫ 工作结束后应检查清洗设备，做好日常维护工作，并将各种手柄置于中性位置，锁闭门窗，做到整齐、清洁、安全。

（4）应急预案

钢筋笼起吊前，对现场做好必要的清理工作，保证现场道路通畅，以便发生事故时，操作员可以及时疏散。吊装钢筋笼时，除起吊作业人员外，人员不得在方圆 20m 左右起吊位置行走。

吊装钢筋笼时，钢筋笼务必先提升 30cm，观察是否有变形或破碎现象。若有，钢筋笼应立即放下，加固后可以继续进行。

当钢筋笼升入空中时，若有变形现象不能继续吊装，必须立即将附近施工人员撤离，同时将钢笼放在地面上，调整、加固变形的钢筋笼，然后重新进行吊装。

当孔口发生钢筋笼散落现象，率先对孔内的钢筋进行清除，然后再制作新钢筋笼吊装。出现人员受伤情况时，在确保人员安全的情况下，立即清理压在伤员身上的钢筋，送往医院救治。

2.4.3.4　钢筋笼吊运

（1）起吊准备

钢筋笼经专业人员验收且合格后，相关工作人员需做好有关吊装前的准备工作：主要包括技术准备、掌握作业内容、熟悉安全技术要求、明确吊点位置和掌握捆绑方法；仔细检查施工所需的工具、索具的规格、件数及完好程度。吊车停放位置其地面平整坚硬，吊车支腿下面采取垫钢板和方木的方式增大支点的受力面积，确保起吊作业过程中吊车的稳定。夜间作业时，应准备充足的照明条件。

（2）钢筋笼起吊步骤

① 起吊前准备好各项工作，吊车移到起吊位置，钢丝绳和卡环安装在钢筋笼上。

② 查看吊车钢丝的安装和重心位置，并进行同步平吊。

③ 当钢筋笼上升到地面 30～50cm 时，确保钢筋笼稳定，然后缓慢起吊。

④ 吊笼时，吊钩缓缓抬起，保持钢筋笼与地面的间距，使笼子垂直地面。

⑤ 当钢筋笼吊至模具上空后，指挥员指挥操作，使钢筋笼缓缓下降至指定位置，司索工拆除钢丝绳和卡环。

2.4.3.5　钢筋笼入模

（1）施工人员检查模具，检查完后，待钢筋笼入模。

（2）由专业叉车技术人员，通过撑起钢筋骨架，同时由相应指挥人员指挥其正确入模。

（3）当钢筋笼放入模具后，再调整钢筋骨架位置。施工人员对横向、纵向的螺栓孔位置，通过紧固连接螺栓将端模固定。检测紧固螺栓是否紧扣，对其进行调校，由专业质检人员对其进行验收，达到要求后进行下面的工作。

2.4.4　预埋件安装技术措施

2.4.4.1　预埋件施工工艺流程

图 2.10 为预埋件施工工艺流程图。

图 2.10　预埋件施工工艺流程图

2.4.4.2　预埋件检查

开始预理之前，应检查预埋件的品种、规格、数量是否与该工程设计要求相符并有合格证书。并按工艺要求抽查预埋件的外形尺寸和焊缝质量。焊接应牢固，焊缝应饱满，无裂纹、夹渣、气泡等缺陷。槽形预埋件应检查槽内泡沫条填充是否完好。并按需要的预埋件品种、规格、数量进行配置。

2.4.4.3 预埋件定位与固定

（1）根据管廊的分格尺寸，按工程预埋件点位布置图的位置、品种、数量要求进行埋设。

（2）预埋件距管廊构件的边距应按设计要求确定。

（3）预埋件的定位偏差应符合要求。

（4）检查预埋件定位完毕后，检验员应进行检查并记录。

（5）预埋件定位后，预埋件表面与模板表面应紧密贴合。

2.4.4.4 混凝土浇灌

在浇筑振捣作业时，需要注意确保预埋件不受破坏。预埋件周围混凝土振捣时间应相应延长，并且要确保浇捣密实，不能出现漏浆及空鼓现象，以免影响预埋质量。

混凝土浇灌、捣固时，注意防止预埋件发生位移与模板分离。

2.4.4.5 拆模具与清理预埋件

养护完成后拆除模具。模具拆除完成后，需在 2d 内将预埋件找出，并对其表面进行清理，采用一些软质的工具进行清理，以防止破坏防腐层。若发现预埋件不合格，应及时补加后置埋件进行代替。

2.4.4.6 预埋件检查

（1）预埋件位置、结构的检查工作应相继展开，以某轴线开始进行检查，并记录结果。

（2）依据预埋件编号布置图，对预埋件进行逐次检查，并对预埋件、结构的偏差值进行记录处理，采取相应的措施对偏位预埋件进行补救，对于结构偏差较大的应上报总承包单位，并进行配合处理。

（3）记录好不合格的预埋件，并查明原因，同时上报业主（甲方）等有关方面进行确认。

2.4.5 模具安装技术措施

图 2.11 所示为模具安装流程图。

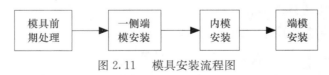

图 2.11 模具安装流程图

2.4.5.1 一侧端模安装

图 2.12 所示为一侧端模安装示意图。待钢筋笼入模完成后，由特定工作人员对其检验校准。施工人员对横向、纵向的螺栓孔位置，通过紧固连接螺栓将端模固定。检测紧固螺栓是否紧扣，对其进行调校，然后由验收人员进行比对检验，只有满足要求才能继续下一工序施工。

图 2.12　一侧端模安装示意图

2.4.5.2　内模安装

图 2.13 所示为内模结构示意图。专业技术人员通过叉车将涂好脱模剂的内模入模，施工人员对横向、纵向的螺栓孔位置，通过紧固连接螺栓，将内模固定，同时内模张开就位，整体加固。检测紧固螺栓是否紧扣，对其进行调校，然后由验收人员进行比对检验，只有满足要求时才能继续下一施工。

图 2.13　内模结构示意图

2.4.5.3　端模安装

图 2.14 所示为端模安装示意图。由施工人员将端模旋转至闭合，施工人员对横向、纵向的螺栓孔位置，通过紧固连接螺栓将端模固定。检测紧固螺栓是否紧扣，对其进行调校，然后由验收人员进行比对检验，只有满足要求时才能继续下一步施工。

图 2.14　端模安装示意图

2.4.6　混凝土浇筑技术措施

2.4.6.1　混凝土配比

（1）混凝土材料

① 水泥采用不低于 32.5 级的普通硅酸盐水泥，应具有生产商提供的合格证明，其性能应符合《通用硅酸盐水泥》GB 175—2007[4] 的规定。

② 选用细度模数为 2.3～3.0 的中砂细骨料，选用粒径在 5～30mm 之间的碎石粗骨料，细骨料及粗骨料性能均需达到《普通混凝土用砂、石质量及检验方法标准》JGJ 52—2006[5] 的要求。

③ 骨架采用钢筋混凝土用钢筋，其性能应符合《热轧带肋钢筋国家标准的几个问题》GB 1499.2—2007[6] 的规定。

④ 拌和用水和外加剂分别需要达到《混凝土用水标准》JCJ 63—2006[7]、《混凝土外加剂匀质性试验方法》GB/T 8077—2012[8] 的要求。

（2）配合比设计和试验

① 配合比设计

通过合理的混凝土配合比优选实验，以达到规范规定的水灰比、坍落度、抗冻性、抗渗性、混凝土设计强度以及限制砂骨料膨胀率的目的，并经监理工程师审查批准。混凝土的配合比要保证所得到的混凝土能满足特定的浇筑条件，混凝土配合比中用水量尽可能小。

② 混凝土配合比试验

主要研究不同强度等级的混凝土对比以及混凝土性能进行混凝土配合比试验，在试验开始前 14d，监理工程师需要得知并核查试验材料以及拌和、成模及养护等计划。

③ 施工配合比控制

根据配合比试验并经监理工程师批准的配料单控制混凝土配合比，并根据现场骨料的含水量情况，在总用水量中予以调整。

依照结构位置的性质、混凝土运送与浇筑方式、含筋率和气候因素等确定混凝土的坍落度。

（3）混凝土取样试验

浇筑混凝土过程中需要对混凝土进行随机抽查，抽查地点设置在浇筑现场和出料口两处，且应提供给监理工程师下列信息：

① 选用材料及其预制方涵构件质量证明书。

② 混凝土试件的材料组成、搅拌方式以及混凝土试件的规格尺寸。

③ 试件的制作和养护说明。

④ 试验成果及其说明。

⑤ 每种龄期混凝土的试验材料的 γ、f_c、f_t、δ、E、G 等性能指标。

2.4.6.2　混凝土运输

混凝土中重要的组成部分之一是混凝土运输，施工进程和工程质量受其比较明显的影响。混凝土拌和形成后会产生凝结反应，而且混凝土对运输过程的要求很高，如果运输方法不正确或者运输中不搅拌混凝土，均会降低混凝土质量，甚至可能成为废料。混凝土在进行浇筑时出现供料迟缓或混凝土品种差错，将难以按计划展开施工。因此，需要合理安排混凝土搅拌、混凝土运输（水平向、垂直向）、混凝土浇筑成型等工序，必要时还需要加入缓凝剂，以保证混凝土运输过程中的质量。

（1）运输混凝土需要满足的要求

① 运输设备应严密，运输过程中不会产生漏浆，混凝土不出现离析现象，不能产生严重泌水及坍落度明显下降等现象。

② 当有超过 2 种强度等级的混凝土一起运送时，应对其做好标记，防止弄混。

③ 使运送时间和转运次数减少。运输时间不应大于表 2.4 的要求。当中间停留时间过长而出现初凝现象时，该混凝土将无法使用。无论什么情况，都不能在运输途中添水后进舱使用。

表 2.4　混凝土允许运输时间（min）

气温（℃）	混凝土允许运输时间
20～30	30
10～20	45
5～10	60

注：本表数值未考虑外加剂、混合料及其他特殊施工措施的影响。

④ 确保运输道路平整，以免拌合物出现振动、离析、分层。

⑤ 为了防止混凝土运输设备及浇筑位置受日晒、雨淋、冷冻因素的影响，遮盖或保温措施是必须具备的，以确保混凝土的质量。

⑥ 混凝土拌合物自由下落高度要低于 2m，如若超过 2m 则需通过溜槽等结构达到缓降效果。

（2）混凝土运输设备

混凝土运输过程包括供料运输（水平运输）和入仓运输（垂直运输），前者可根据工程大小、预制场地大小和设备情况合理选用人工运输、机动翻斗车运输、混凝土搅拌运输车等运输方式。后者主要是通过起重机械（履带式、门机、塔机等）来实现的。人工运输、机动翻斗车、混凝土搅拌运输车等运输方式还需要满足以下特点。

① 人工运输

手推车、架子车和斗车是应用最广泛的人工运输方式。运输道路平坦是使用手推车和架子车的前提条件，目的是避免混凝土出现剧烈抖动。通常规定道路的纵坡是水平的，部分地点坡度不应超过15%，一次爬坡高度不应大于2～3m，并且路程不能大于200m。

② 机动翻斗车

机动翻斗车具有轻便灵活、便于转弯掉头、行驶速度快、可以自动卸料等优点，使其成为混凝土施工中使用最多的水平运输机械，翻斗容积480dm³，载重量可达1000kg，行驶速度为20km/h，常应用于短距离的混凝土运输。

④ 混凝土搅拌运输车

混凝土搅拌运输车是运送混凝土的专用设备。具有载量大、运送距离远的优点，且确保运输过程的混凝土质量，常应用于浇筑位置和混凝土拌合站较远的情况 。在短距离（不超过10km）运输中，把搅拌好的混凝土运送到浇筑地点，且搅拌筒在运送过程中保持低速转动，为防止混凝土离析、凝结；在长距离运输中，应发挥搅拌合运输两方面作用，按比例要求将砂、石、水泥放入搅拌筒拌和，配水箱转入水，从混凝土拌合站出发至距离浇筑位置10～15min路程时，开始加入水拌和，做到一边运输一边拌和，直到浇筑完成。

④ 混凝土辅助运输设备

对于混凝土垂直运输中的自由下落高度超过2m时，需要采用吊罐、溜槽等辅助运输设备，以保证混凝土质量，顺利完成运输工作。

a. 溜槽与振动溜槽

溜槽为钢制槽子（钢模），由皮带机、自卸汽车、斗车等将混凝土通过溜槽转送入舱。其坡度可由试验确定，常采用45°左右。当卸料高度过大时，可采用振动溜槽。振动溜槽装有振动器，单节长4～6m，拼装总长可达30m，其输送坡度由于振动器的作用可放缓至15°～20°。

采用溜槽时，应在溜槽末端加设1～2节溜管或挡板（图2.15），以防止混凝土料在下滑过程中分离。利用溜槽转运入舱，是大型机械设备难以控制部位的有效入舱手段。

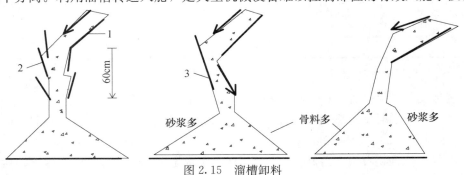

图2.15　溜槽卸料
1—溜槽；2—成两节溜筒；3—挡板

b. 溜管与振动溜管

溜管（溜筒）由多节铁皮管串挂而成。每节长 0.8～1m，上大下小，相邻管节铰挂在一起，可以拖动，如图 2.16 所示。采用溜管卸料可起到缓冲消能作用，以防止混凝土料分离和破碎。

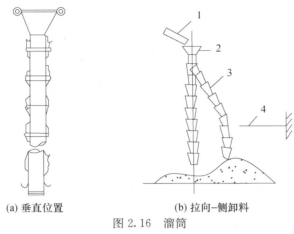

(a) 垂直位置　　　　　　　　(b) 拉向-侧卸料

图 2.16　溜筒

1—运料工具；2—受料斗；3—溜管；4—拉索

溜管卸料时，其出口离浇筑面的高差应不大于 1.5m。并利用拉索拖动均匀卸料，但应使溜管出口段约 2m 长与浇筑面保持垂直，以避免混凝土料分离。随着混凝土浇筑面的上升，可逐节拆卸溜管下端的管节。

溜管卸料多用于断面小、钢筋密的浇筑部位，其卸料半径为 1～1.5m，卸料高度不大于 10m。

振动溜管与普通溜管相似，但每隔 4～8m 的距离装有一个振动器，以防止混凝土料中途堵塞，其卸料高度可达 10～20m。

c. 吊罐

吊罐有卧罐和立罐之分。卧罐通过自卸汽车受料，立罐置于平台列车直接在搅拌楼出料口受料。

2.4.6.3　混凝土入模

（1）作业条件

① 将预埋件、预留孔道通过螺栓连接在钢模具中，绑扎钢筋笼后，浇筑混凝土构件，使施工步骤符合设计规范，进而进行隐检、预检流程的办理。

② 搭建好混凝土浇筑时使用的架子和马道，且要满足要求。

③ 混凝土配比得到试验室的允许，且水泥、砂、石及外加剂也达到规范规定。

④ 磅秤计量精确度和振捣棒运行都能满足要求。

⑤ 施工人员应接受全方位的技术训练以应对现场施工，混凝土浇筑申请书得到许可。

（2）混凝土振捣

预制方涵构件的成型方式通常为浇筑成型、芯模振动成型、高频垂直振动成型等。

① 浇筑（加辅助振动）成型工艺

浇注成型工艺具有成型工艺简单，批量生产灵活，外观光滑美观，能生产出大尺寸、多孔的方涵产品的优点。但是也有生产投资大，生产能力小，劳动强度大，相对于其他两个工序，原辅材料、人工等生产成本较高的不足之处。

② 芯模振动成型工艺

干法生产采用芯模振动成型工艺，整个核心频率的振动使混凝土和水泥生产液化和致密化，从而提高混凝土的强度。混凝土的密度高，可以立即释放，减少模的数量和总成本的数量，与湿法相比，可以减少原材料成本和降低人工成本[9]。

由于核心的振动力结晶器振动的形成原理，芯模的激振力横向传递，在竖直方向激振力作用衰减较多。导致方形预制管廊构件直角处的激振效果不明显。一般来说，芯模振动成型过程中不会产生大口径的方涵，方涵口径一般设置在 2.5m 内。

形成相同生产流程和钢筋混凝土排水管，插座成型不同，成型的插座芯模振动混凝土排水管对混凝土施加的压力辊，插座部分的滚筒，形成插座定位压力下板和混凝土圆形插座形成摩擦混凝土排水管涵的插座；成型辊，形成插座板适用于纯压力对混凝土的插座部分与铁心振动浆液型。

③ 高频竖向振动成型工艺

高频率的垂直振动成型工艺采用板的大的垂直振动频率的原理，人孔和预制混凝土箱涵；压力的辅助振动，接口部分瞬时释放；因为它还具有高频干燥生产的优势与芯模振动成型工艺。

高频垂直振动成型工艺与同一平面上的振动情况一致，可形成大直径多舱混凝土方涵，最高可达 400m×150m 混凝土涵洞。

由于垂直振动受重力影响较大，整个设备的质量较大，垂直振动成型的激振力衰减速度比横向振动力快。因此，输出能量的设备装机容量大，一个 3m×3m 方涵生产需要600kN 激振力。该方法最适用于大面积、低垂直高度的混凝土制品。

该工艺生产的产品与芯模成型工艺相似。所生产的产品强度高，抗渗性好，大面积混凝土方涵生产适应性强，模具成本低。但生产的产品表面光滑，处理工艺使用的主要设备的一次性投资大。工程一般选择浇筑（加辅助振动）成型工艺：

① 商品混凝土配合比应满足《水工混凝土配合比设计规程》DL/T 5330—2015 规定[10]，并选取初凝时间较迟、终凝后早期强度增长快的水泥和减水剂、引气剂、早强剂等各种外加剂，既要考虑混凝土运输距离远，还要提高混凝土早期强度，减少拆模时间，缩短施工周期，尤其是解决了在冬季施工期间混凝土强度增长缓慢的问题，现场混凝土坍落度要控制在 140～180mm。

② 在模具跟钢筋安装完毕经技术员质检等验收合格并确认后方可进行预制方涵构件浇筑，并且保证混凝土的倾落高度小于 2m。

③ 预制方涵构件混凝土采用对称浇筑法切向临边高度不宜超过 40cm，连续浇筑法不能间歇施工。如果是间歇的，间歇时间应尽量短，并应在混凝土层开始前，二次浇筑混凝土。

④ 按照一定方向分层浇筑混凝土，每层混凝土浇筑厚度为 30～40cm。

⑤ 振动棒作为振捣机械，移动距离在作用半径的 1.5 倍范围内，同时保证振捣棒与侧模间距在 5～10cm 之间。将振捣棒插入下层混凝土 5～10cm 中，并提着振捣棒，避免

振捣棒和模板及钢筋笼之间产生碰撞，保证振动密实度。

（3）混凝土性能要求

① 混凝土设计强度等级应不低于 C40（应符合 GB50010—2010[11] 的规定）。脱模时强度不得低于 16MPa。

② 方涵外表面应光滑，不塌陷，无外露筋、空鼓、表面裂纹，部分凹凸深度应小于 5mm。

③ 方涵内壁不应有裂缝、外壁不允许有宽度大于 0.2mm 的裂缝。

④ 有下列情况的方涵允许修补：

a. 破损面积不超过预制井表面积的 1/50，并没有露出钢筋骨架的；

b. 对小于 5mm 的凹深度的外表面；粘皮深度小于 1/5 的壁厚，最大值小于 10mm；粘皮、蜂窝、麻面总面积不大于 1 / 20 的表面区域，每个区域小于 200 mm²；

c. 端面碰伤纵向深度小于 50mm。

⑤ 产品尺寸应符合本标准要求，并按设计图纸制造。

⑥ 方涵构件任一尺寸误差应小于等于 5mm。

⑦ 内水压力

内水压力检验按《混凝土和钢筋混凝土排水管试验方法》GB/T16752[12] 的规定进行检验、内水压力不低于 0.06MPa。方涵在进行内水压力检验时，在规定的检验内水压力下允许有潮片，但是，潮片面积不应超过总面积的 5%，且不得有水珠流淌。方涵连接部不应漏水。

⑧ 外压荷载

方涵外压检验荷载不得低于规定的荷载要求。在加压试验时、载荷点下面不应产生 0.05mm 宽以上的裂缝。也可根据方涵实际使用时载荷的大小来推算外压检验荷载值。

2.4.6.4 混凝土浇筑注意事项

（1）浇筑模具时，混凝土不应对模板或钢骨架产生冲击力。混凝土浇筑高度超过 2m 时，采用的串筒、溜管下料，出料管口与浇筑层的倾落自由高度应在 1.5m 以内。

（2）混凝土浇筑时间间隔的两层大于初凝时间构成的施工质量缝，混凝土浇筑时间间隔应小于 1.5h，交汇处振动器应连续搅拌。

（3）在浇筑过程中，振动棒持续振捣直至混凝土表面产生浆液，无气泡、无沉降。振捣棒挪动点位的间距小于 40cm。确保无漏振、无过振。

（4）当浇筑混凝土接近完工时，应大致了解剩余混凝土的量值，并对拌合站进行合理的调度。

（5）混凝土浇筑完成后，对混凝土表面湿式抹压两次或三次，遮盖养护应及时，蒸汽养护效果最佳。

2.4.7 蒸汽养护技术措施

2.4.7.1 智能蒸汽养护系统

智能蒸汽养护系统包括主机、从机、无线温（湿）度监测终端、养护终端（蒸养棚、蒸汽管道)。主机同大脑中枢相似,其作用是设置蒸养环境参数,根据传感技术监测的养护数据,对是否加湿或加温做出判断,并对从机发出操作指令;从机同时设置多台,并同受一台主机控制,主要执行主机对温(湿)度的控制指令;每台从机对应着一个无线温(湿)度监测终端,监测终端监测其所属的养护区预制方涵构件的蒸养环境状态;预制方涵构件的形状及大小决定了蒸汽管道的走线及开孔位置;蒸养棚则是为了保持预制方涵构件的蒸养环境温(湿)度。

每隔 30min,无线温(湿)度监测终端将监测到的养护环境数据反馈到主机中的中央控制器中,中央控制器将实际监测的数据同设定的数据进行对比,进而控制养护区域的主(从)机是否输送蒸汽,调整预制方涵构件蒸养环境。此时,无线温(湿)度监测终端继续反馈监测数据,进入下一轮蒸养环境处理。智能蒸汽养护系统养护目的是使预制方涵构件蒸养环境始终受到中央控制器控制,以确保预制方涵构件养护的各个阶段满足温(湿)度条件。此外,主机保存养护全程信息数据,可由计算机解读,并绘制出养护温度-时间、湿度-时间曲线,可保证预制方涵构件质量,提高产品的合格率。

2.4.7.2　智能蒸汽养护技术要点

智能蒸汽养护技术要点可以主要归纳为以下几点:

(1) 智能蒸养系统中主机内蒸养环境数据储存在可编程逻辑控制器(Programmable Logic Controller,简称 PLC)中,PLC 执行布尔运算、顺序设置、定时、数据记录以及算数指令等由操作者控制的指令,并将指令以数字信号或模拟信号的方式控制每个养护区域的主(从)机,进而达到智能养护的目的。PLC 具有集成度高、"傻瓜式"操作、程序简单、适应多种环境、可靠性较好、便于维护等优点,使得预制方涵构件处于智能蒸汽环境成为可能。

(2) 预制方涵构件生产环境存在差异,以及采用的混凝土粗骨料、细骨料、胶结材料种类、胶结材料用量多少以及外加剂(减水剂、阻锈剂等)的种类等因素反应时对水化热产生影响,处于不同养护阶段的预制方涵构件水化放热不同,针对上述特点,智能蒸汽养护系统设计了对应程序,并进行特殊养护,从而提供不同条件下预制方涵构件的养护环境。

(3) 无线温(湿)度测试终端采用无线传感技术,每间隔 30s 将信号 I/O 转换后向主机的中央处理器 PLC 中反馈一次预制方涵构件的温(湿)度数据,无线温(湿)度测试终端的测量误差保证在 ±0.5℃(温度)、±3%(湿度)内,该终端可以在室外 24h 连续工作。智能系统有效传输距离超过 200m,有效控制预制方涵构件养护环境。

2.4.7.3　智能蒸汽养护系统工艺流程

预制方涵构件室外智能蒸汽养护过程分为静停、升温、恒温、降温与自然养护等五个阶段。

(1) 静停阶段

预制方涵构件浇筑振捣成型后,为了避免表面产生细小裂缝,在设定温度下,预制方涵构件停放养护过程称为静停阶段,静停时间一般在 1.5h 左右。

(2) 升温阶段

升温阶段是预制方涵构件吸热阶段,中央控制器需要控制升温速度指令,不宜过快,

防止预制方涵构件内外温差大产生温度应力，从而导致构件表面被拉裂，升温时间控制在
1～2h，升温幅度控制在25℃/h，禁止超过20℃/h。

（3）恒温阶段

恒温阶段是预制方涵构件升温到60℃（±3℃）后保持不变的过程，此时构件强度增速最快，此过程要保持蒸养环境相对湿度值设置在90%以上。当设置的温（湿）度超过设定范围时中央控制器下达是否开启蒸汽管道指令到主（从）机，从而将温（湿）度调控到设定值上，恒温阶段时间控制在2h左右。

（4）降温阶段

降温阶段是预制方涵构件的散热过程，控制降温速度每小时的降温幅度不能超过10℃，当某个养护区无线温（湿）度测试终端监测值超过12℃时，需要停止或输送蒸汽，直至降温速率达到指定范围内。

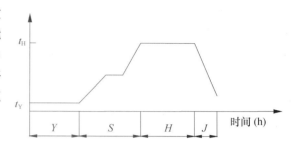

Y—预养期；S—升温期；H—恒温期；J—降温期
t_H—恒温温度；t_Y—预养温度

图2.17　混凝土蒸汽养护过程

（5）自然养护阶段

自然养护阶段是关闭智能蒸汽养护系统后，将预制方涵构件运至混凝土养护区中进行自然养护。预制方涵构件智能养护过程如图2.17所示。

2.4.7.4　蒸汽养护施工说明及要求

图2.18所示为蒸汽养护示意图。

图2.18　蒸汽养护示意图

（1）混凝土入模前的温度不小于 5℃，如果小于 5℃时应按冬季施工措施（混凝土冬季施工方案），靠加热拌和用水，使混凝土达到入模的温度。

（2）蒸汽养护棚的湿度应维持在 90%左右，温度维持在 15～40℃之间；棚内最高温度不能超过 50℃，棚内温度达到 40℃以上时应打开蒸养棚的天窗降温直到符合规定气温；棚内升温及降温应符合以下要求：

① 表面系数等于结构冷却面积乘以结构体积的倒数，经计算的表面系数小于 $6m^{-1}$（由《公路桥涵施工技术规范实用手册》表 14.2.4-1 知）。

② 温度以 10℃/h 的速度升高，温度以 5℃/h 的速度降低。

（3）养护过程中，如果下一步必须暂时开放棚，同时确保的前提是棚内外大于 22℃，应选择在温度高的时候，尽可能让开棚时间与次数下降。

（4）混凝土试件应与板梁同在蒸养棚内养护；尽量多做两组试件以便检查梁体强度用；板梁拆模前必须做试件强度试验，试件达到规定强度才可以拆模；张拉前必须保证抗压强度及弹性达到设计的 90%以上才可以张拉，然后压浆。

（5）为了保持蒸汽养护棚温度，蒸汽养护棚四周必须严密、不透风，确保棚内温度正常。

（6）压力为 0.23MPa 时首次启动开关输送蒸汽；棚内温度达到规定温度以后，锅炉内保持始终有水，水温应在 80℃以上。

（7）在蒸汽养护棚顶设置三个测温孔，以方便测棚内温度；棚内各观测点，温度根据混凝土浇筑 2～4h 后或在蒸汽养护棚覆盖预制件 2h 后测量一次，每天分四个时间点（7时、12时、16时和夜晚 0时）测量外部温度。

（8）对蒸汽养护棚内的测温孔编上号，便于记录并检查温度，测温时温度计需要与外界环境隔绝，避免冷空气进入，温度计应在测温孔内停留至少 3min；测温工作应由专人负责，温度出现异常应及时汇报，并及时采取处理措施，避免发生质量事故。

（9）蒸汽养护棚加工好后可分段把篷布盖好、固定、蒸气管道安装完毕，以方便吊装和移动。

（10）安装蒸汽管小孔应正面对着预制构件，以保证预制构件正常升温，混凝土强度正常增长，达到预期的强度。

（11）主蒸汽管道（φ100 钢管）外包玻璃棉毡三层，保证管道内温度正常。

2.4.8　模具拆卸技术措施

图 2.19 所示为模具拆除流程图。

施工步骤如下：

（1）端模拆除：预制构件养护完成后，去除养护装置，施工人员通过撬棍等工具松动紧固螺栓，将端模移除。

（2）内模拆除：施工人员先去除紧固螺栓，移除内模，专业人员再通过叉车将内模移到合适的地方，以便下次使用。

（3）一侧端模拆除：施工人员移除端模紧固螺栓，将一侧端模移除。

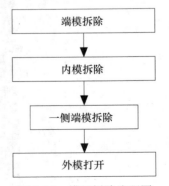

图 2.19　模具拆除流程图

（4）外模打开：移除外模紧固螺栓，将外模打开。

（5）用龙门塔吊将养护好的预制构件移至构件摆放处，自然养护，以便后期使用。

2.4.9　产品标准

2.4.9.1　材料品质

（1）钢筋：采用抗拉强度不低于 HRB400 的三级螺纹钢筋或热轧及冷轧带肋钢筋，其性能应符合《钢筋混凝土用钢》GB/T 1499.2—2007[13]、《冷轧带肋钢筋》GB/T 13788—2017[14]、《钢筋混凝土用钢》GB/T 1499.1—2008[15] 的规定。

（2）水泥：采用普通硅酸盐水泥即可，性能应分别符合《通用硅酸盐水泥》GB 175[16] 的规定，也可采用抗硫酸盐硅酸盐水泥、快硬性水泥，其性能符合《抗硫酸盐硅酸盐水泥》GB 748[17] 的规定。

（3）骨料：细骨料首选应采用细度模数在 2.3 到 3.3 之间的，且其含泥量小于 2％ 的中粗砂；对于粗骨料的要求为，其最大粒径应小于方涵壁厚的 1/3，且小于环向钢筋净间距的 3/4，含泥量不应大于 1％，其中石粉的含量应不大于 5％，针片状颗粒的含量不大于 10％，其孔隙率不大于 45％。

（4）外加剂和掺和料：混凝土应掺加对方涵没有负面不良影响的外加剂和掺和料，且应符合《混凝土外加剂》GB 8076[18] 的规定。对于奈系和聚羧酸系减水剂的掺加应通过试验来进一步确定；FDN-2 高效减水剂掺加量为 0.75％～1％，聚羧酸系减水剂应根据母剂的稀释量加以确定。

（5）拌和水：符合《混凝土用水标准》JGJ 63 的规定。

2.4.9.2　外观质量检验

（1）箱体内外表面应密实、光洁完好、无裂纹、蜂窝、麻面、气孔、水槽、露砂、露石、露浆及粘皮等现象。

（2）承插口端面应光洁完好、无掉角、裂纹、露筋等不密实现象。承口粘贴胶条凹槽部位应平滑顺畅、纹路清晰、不应粘有浮浆及杂物。

（3）顶底板内外表面应平整、无局部凹凸不平现象。

（4）侧壁预埋螺丝应牢固、丝路顺畅、排列整齐。

（5）张拉孔应顺畅、孔径一致，无歪斜偏离现象。

2.4.9.3　产品尺寸偏差

（1）钢筋骨架：高 ±5mm、长 ±5mm、宽 ±3mm、加强筋 ±5mm、钢筋直径 ±0.1mm。

（2）箱涵：高 ±5mm、长 ±2mm、宽 ±2mm、承口深度 ±1mm、插口长度 ±1mm、壁厚 ±1mm。

（3）箱涵参数：混凝土 28d 抗压强度 C45，脱模强度要求达到 20MPa，抗渗达到 P6，冻融达到 F100，外压裂缝荷载达到 85kN/m、破坏荷载达到 120kN/m。

参考文献

[1] 褚建中. 工厂预制混凝土方涵生产工艺及装备的评析 [C] //CCPA 预制混凝土桩分会和中国硅酸盐学会钢筋混凝土制品专业委员会 2013—2014 年度年会暨学术交流会论文集. 2014.

[2] 金辉. 混凝土结构施工问题探讨 [J]. 山东工业技术, 2013 (11): 112-112.

[3] 常慧芳, 汲长娥, 孙凌云.《钢筋焊接及验收规程》(JGJ 18—2012) 修订的主要内容及介绍 [J]. 城市建设理论研究: 电子版, 2012 (22).

[4] 江丽珍, 肖忠明, 等.《通用硅酸盐水泥》(GB 175—2007) 标准条文解释 [J]. 水泥, 2008 (4): 1-2.

[5] JGJ 52—2006《普通混凝土用砂、石质量及检验方法标准》[S]. 2006

[6] 胡小东, 胡林, 张峻巍, 等. GB 1499.2—2007《热轧带肋钢筋国家标准的几个问题》[J]. 辽宁科技大学学报, 2009, 32 (6): 566-570.

[7] JGJ 63—2006,《混凝土用水标准》[S]. 北京: 中国建筑工业出版社, 2006.

[8] GB/T 8077—2012.《混凝土外加剂匀质性试验方法》[S]. 2012.

[9] 吴贤荣, 仲长平, 方德田. 矩形顶管及其生产工艺装备的研制和应用 [J]. 混凝土世界, 2015 (6): 78-84.

[10] DL/T 5330—2015. 水工混凝土配合比设计规程 [S]. 2015.

[11] GB 50010—2010. 混凝土结构设计规范 [S]. 2010.

[12] GB/T 16752.《混凝土和钢筋混凝土排水管试验方法》[S]. 2006.

[13] GB 1499.2—2007《钢筋混凝土用钢》[S]. 20007.

[14] GB/T 13788—2017《冷轧带肋钢筋》[S]. 2017.

[15] GB 1499.1—2008《钢筋混凝土用钢》[S]. 2008.

[16] GB 175—2007《通用硅酸盐水泥》[S]. 2007.

[17] GB 748—2005《抗硫酸盐硅酸盐水泥》[S]. 2005.

[18] GB 8076—2008《混凝土外加剂》[S]. 2008.

3 城市预制拼装式地下管廊吊运技术

3.1 城市预制拼装式地下管廊吊运设备的技术要求

根据施工需要和现场实际情况，吊运装置应满足以下技术要求[1]：

（1）为了保证预制方涵在吊运过程中不会产生过大的变形，要保证在各种工况下的吊运架具有足够强的刚度。

（2）为了保证安全施工的质量和要求，需要保证吊运装置的各部分构件拥有足够的强度，可以适应不同的工况。

（3）为了保证预制方涵在吊运过程中不会产生脱落和晃动等现象，要使吊运各个步骤严谨。

（4）要减轻结构的自重，便于施工操作。

（5）吊运装置便于移动和牵引，以使预制方涵上升和下落平稳进行。

虽然起重机种类繁多，但是其大多具有以下构造[2-5]：

（1）起升机构：起升机构为组成起重机的工作机构，根据起重机的作用和力学原理可以将其划分为不同的吊挂系统和起运系统，比如现在流行的电液式起重系统，这种技术较为先进，通过液压机对重物进行升降。其起重操作机构设计应便于施工，一般由钢丝绳、滑轮组和吊具组成，其中的构件吊钩最为常见。通常在起升重物的时候是靠钢丝绳进行升降，也有的采用电动葫芦或者手动葫芦进行升降，如果在施工过程中遇到较轻的重物时，可以采用主起重机旁边的辅助起重机，以保持施工的效率。

（2）运行机构：运行机构的结构部件组成一般包括电动机和减速器，以及常用的制动器，部分安装滑动车轮，其主要作用是对重物进行纵向水平的"运移"或对起重机位置进行调整。如今使用的起重机两侧车轮的驱动多为独立的驱动机构，且都能够实现对重物的横向水平的"运移"以及小车位置的调整。一般情况下小车是自带驱动装置的，以实现自行的目的；有的也会把驱动机构装在水平臂架或桥架的一端用钢丝绳牵引小车。

（3）变幅机构：通常这种结构配备在臂架型的起重机上，臂架的起吊和下降都会导致幅度以及角度的变化，随着起吊设备的起吊和下降都会对应着起吊方涵的幅度和角度减小或者增大，按照波动幅度的不同变幅分为两种类型，即平衡的变幅以及不平衡的变幅，也就是非平衡变幅。通过起吊方涵的高度和角度的不同，可以将不平衡变幅划分为工作性变幅和非工作性变幅两种类型。平衡变幅顾名思义就是说在起重物的变幅过程中可以沿着大地水平线或者近似大地水平线的方向来回摆动。且在起重物的吊运过程中，其重心不会有太多明显的变化，且会随着平衡变幅的基准线进行移动，这种现象可以保证起重物在平稳起吊或者下降时，重心不会随意摆动，有效保证了起重物的平稳性。非平衡变幅在具体操作中则较为危险，因为起吊物在非平衡起重时，重心会做无规则的运动，而且会产生较大的惯性荷载，这种荷载会导致起重物来回摇晃，如果起吊设备强度不够，则会造成危险，因此在具体施工中，尤其是起吊方涵时，应该避免非平衡变幅。

（4）回转机构：这种构件是起重吊运设备中臂架的重要组成部分，其中的回转驱动装置和回转支承装置更是回转机构的核心部件，回转驱动装置带动起重机回转部分实现回转动作，回转支承装置则支撑着起重机的回转部分及非回转部分，为起重机的回转运动提供坚固的支承[6]。

（5）金属结构：金属结构为整个起重机的骨架基础结构。起重机的结构形式十分复杂，且形式多样。如龙门架以及臂架多为箱型结构和桁架系统，也有极为少数的情况是将型钢设置为支撑梁的结构。其中起重机的金属结构的质量和尺寸占总体质量的绝大部分，在满足强度、稳定性和刚度的情况下，金属结构较为稳定的情况下使得结构质量达到最小。

3.2　城市预制拼装式地下管廊吊运设备的设计及分类

3.2.1　龙门起重机结构和分类

龙门起重机具有如下优点：

（1）龙门起重机不需要钢结构支撑装置就可以实现高度的起升。

（2）龙门起重机的使用、维修、拆装较方便。

（3）龙门起重机的用途比较广泛。

（4）龙门起重机对于环境的要求很低并且使用年限较久。

（5）龙门起重机比其他类型起重机出现故障的概率小很多。

鉴于龙门起重机相比于其他起重机具有如上优点，故在吊运中选择龙门起重机作为起重装置[7-10]。

图3.1所示的龙门起重机的结构，可分为立柱、横梁以及驱动系统三部分。按工作效果，分为单龙门起重机和双龙门起重机。其中单龙门起重机的布置场地一般在桥侧面的开阔场地，避免了龙门起重机在浇筑时的循环移动，提高了浇筑效率。当场地受限时，双龙门起重机也可设在引道上，但相对的，当进行浇筑时龙门起重机不可避免地须进行来回移动来满足浇筑需求，此时对应的工作效率也较低。

在起重机的结构中，桥式起重机、龙门起重机在起升系统和滑动系统以及桥架结构方面都较为一致，可以说是相差无几，同时它们的力学性能也基本相同。由于跨度较大，龙门起重机容易产生较大的倾斜现象，从而导致滑动系统在运行时会产生较大阻力，因此一般采用双向驱动。不同起重机所配备的起重小车的形式也有所不同，其中龙门起重机为了形成静定结构，一般情况下采用桥架两侧的刚性支腿作为支撑系统，同时当跨度较大时，且超过 30m 以上时，一侧支腿为刚性支腿，另一侧形成柔性支腿。如此可有效地避免荷载作用下的附加应力的产生，同时还可对温度影响引起的变形进行补偿。由于龙门起重机受风力影响较大，可在其上装测风仪以及与运行机构连锁的起重机夹轨器，这样可有效地减少其受风力的影响。桥梁悬臂可根据实际情况进行设置，当需要进行较大的工程作业时，可以在桥架的两端进行悬臂的设置。其中半程龙门起重机可以直接在较高的部位上运行，一般只有一个支腿支撑。

在选取龙门起重机的时，其结构的受力安全需要进行考虑。起重机一般应根据施工的需求进行选择，当其使用周期短且杆件运输距离较小时，应优先考虑传统的装配式龙门起重机；反之，则根据具体施工环境选取对应的龙门起重机（图 3.1）。

图 3.1　龙门起重机示意图

3.2.1.1　龙门起重机横梁

作为龙门起重机较为主要组成部分的横梁，当立柱以及驱动系统的趋于平稳时，其横梁的发展仍有较大的空间。其中对于横梁的设计则是按照压弯构件进行计算的。龙门起重机横梁的拼装方式不同，同时其拼装形成的断面形状也会不同，当采用万能杆件、贝雷架以及 64 式军用梁也即三角架进行拼装时，会形成矩形的拼装断面，当采用加工件拼装时，一般会形成单三角形的断面，且使用的材料一般为槽钢或者钢管。

（1）跨中弯矩 M

$$M=ql^2/8+PL_0/2 \qquad (3-1)$$

式中　q——横梁自重线荷载；

　　l——横梁长度；

　　P——计算荷载；

　　L_0——吊点到支点距离。

（2）上弦杆受力 N

$$N=M/H \qquad (3-2)$$

式中　H——上下弦杆间轴心距离。

（3）弦杆所需截面面积 A

$$A=N/\,[P]\,/K \qquad (3-3)$$

式中　　$[P]$——杆件容许应力，取值为 140MPa；

　　　　K——安全系数，取值 1.15。

3.2.1.2　龙门起重机荷载组合

在龙门起重机的设计过程中，必须考虑其在整个生命周期中能够满足使用要求的所有工况，起重机在不同的使用工况下，有不同的设计要求，即安全系数是不同的。门式起重机在工作时，会受到各种形式荷载的作用，如其自身的自重载荷、额定的起升载荷、道路不平时或在轨道面上运行时所导致的冲击载荷、水平方向上的惯性载荷、变速运动所引起的载荷、偏斜运行时引起的水平侧向载荷、坡道载荷、风载荷、碰撞载荷、试验载荷、安装及拆卸和运输时引起的载荷以及工艺性载荷等，而其中的很多载荷的存在与起重机的工作环境及相应的工作状态有关，由于其工作状态有所不同则需要用到的载荷也各不相同[2]。按照它们的特点和实际使用工况要求的不同，可以将其分类为基本载荷、附加载荷以及特殊载荷。

3.2.1.3　基本载荷

基本载荷也就是常规设计时必须考虑的载荷，通常在任何工况组合下都必然存在。采用传统的经验估算法估算起重机的初始设计截面时，可以按此载荷设计。基本载荷一般包括：

（1）自重载荷。自重载荷分为整机固定部分的自重和活动部分的自重，固定部分的自重是指钢结构自身质量以及支撑在结构上的所有其他固定设备的质量；活动部分的自重是指整个小车的质量，包含小车结构、固定于小车上的机器房、起升机构、排绳机构、小车行走机构及其他辅助机构、电控柜、液压站等。

（2）起升载荷。通常指悬挂于吊钩下的外部负载的总重，一般情况下对于吊钩、吊环、吊梁等装置是不计算在总重内的。起升荷载是起重机起重能力的体现，是衡量起重机大小的主要指标之一，在起重机的参数铭牌和吊钩等处会有明确标识。

（3）起升系统载荷。通常是指吊钩及起升钢丝绳的质量，其中起升钢丝绳的质量一般只取整根起升钢丝绳质量的一半。

（4）水平惯性载荷。一般指大车、小车等行走装置在运行启动加速或制动减速时引起的水平载荷，取决于运行速度和加减速时间，即加（减）速度。

3.3.1.4　附加载荷

附加载荷是指在起重机计算工况中并非必然出现的载荷，但起重机常规设计时必须考虑这些附加载荷的工况组合进行验证。它主要包括：

（1）工作状态下的风载荷。工作场所在室外的起重机，必须验证在室外风力作用下的起重机的各种性能参数。

（2）大跨距的起重机由于两条支腿的不同步造成的大车行走机构在水平面内的侧向力。

主要指水平运行机构在工作时，由于运行不同步所引起的水平方向的啃轨力等对起重机造成的影响。

（3）当温度及冰雪等的作用对起重机的影响较大时，此时必须考虑温度载荷、冰雪载荷以及某些特殊要求的工艺性载荷等附加荷载的影响。

3.2.1.5 特殊载荷

是指在非工作状态以及静（动）态超载试验状态时需要考虑的载荷，或在其他情况下偶然出现，一旦出现必须对起重机进行结构检查的不利载荷[11]，包括：

（1）非工作状态下的风载荷

当风速超过起重机允许的工作风速时，起重机必须停止作业。此时风载荷往往远远大于工作状态时风产生的载荷，需要校核此时钢结构的强度等。

（2）试验载荷

起重机制造完成需要进行静态和动态载荷测试，设计初期必须保证起重机即使在试验状态下仍能保证具有足够的强度裕量。

（3）有些规范或用户还要求考虑安装过程中的一些工艺性载荷，易受地震影响区域的起重机还需考虑地震载荷等。

（4）碰撞载荷。为了验证起重机防撞保护系统失效后，由于起重机碰撞车挡等引起的载荷。

（5）小车倾覆或钢丝绳破断等对起重机结构造成的瞬态冲击载荷。龙门起重机由于外形庞大且由于受其使用环境的影响，一般应用于露天的环境中，在设计时一般需要考虑无风工作工况、带风工作工况及非工作工况。验证无风工作工况的目的主要是为了验证其疲劳应力；验证带风工作工况的目的是为了验证起重机在正常工作情况下的强度要求；验证非工作工况的目的是为了验证起重机在极端恶劣条件下的强度及安全性。

强度分析，即对结构在常温条件下对于载荷承受能力的研究分析。对于静强度的分析，一般分为承载能力的研究，还有结构刚度以及结构在载荷作用下的响应，如其应力分布、变形形状以及屈曲模态等特性的研究。

静强度分析一般有以下方面：

（1）对于结构抵抗变形能力的检验，看其刚度是否满足强度设计的要求。

（2）通过计算及分析静载荷作用下的结构应力、变形分布规律以及屈曲模态，以便于相似地去分析其他结构的相似性质。

门式起重机的刚度问题涉及很多方面，其中的结构变形常会导致下列问题：

（1）引起起重机或小车与周围物体或结构物相碰撞。

（2）是否会对小车或带载小车的正常运转和制动产生影响。

（3）是否会对小车或带载小车停留某处作业产生影响。

（4）对大车是否会引起偏斜运行而产生侧向力，更甚是否会导致大车无法正常运行。

（5）可能导致驱动装置的不同轴运行，从而导致零部件过度磨损、运行的不平稳以及制动器失效等现象。

可见结构的刚度问题，会对起重机的安全使用产生较大影响。

3.2.1.6 龙门起重机立柱和驱动系统

龙门起重机的立柱较多情况下是采用万能杆件以及贝雷片进行拼装的，而少数情况下也会采用64式军用梁进行拼装形成。立柱的受力较为明确，是一个承受压力的构件，目前为了节省材料较多地采用的是加工件。立柱轨道不同时，其对应使用的牵引系统也会不同，采用双轨以及单轨时所对应使用的牵引系统分别为，卷扬机循环线牵引以及齿轮驱动系统。立柱和横梁之间的连接方式为螺栓连接，但当对其进行计算时，可当作铰接对其进行计算。

龙门起重机是一种重型的起重机械，大小规模各异，小型的起吊几吨重物，大型的起吊几十吨重物，甚至上千吨的重物。因此龙门起重机的安装要求非常高，尤其龙门起重机立柱安装是非常关键的技术。其一是龙门起重机每根立柱的铅垂度必须要求跟重力方向一致，避免龙门起重机立柱在接受龙门起重机背立架（主横梁）的挤压力时发生倾斜或龙门起重机在起吊重物时发生倾斜崩塌；其二是龙门起重机轨道两侧的立柱要求平行且对齐一致，立柱基脚成矩形状安装，避免背立架在安装时因错位而不能良好固定和增加龙门起重机行走时的阻力，尤其是在微小的弯度控制上。

龙门起重机立柱在铅垂度方向上安装，使用气泡水平仪是最简单的也是最快的有效方法，方法是将气泡水平仪横放在龙门起重机立柱的横梁上或底座上，通过调节龙门起重机立柱两侧的缆风绳拉力大小，使气泡水平仪中的气泡达到玻璃管中间位置即可。

3.2.1.7　龙门起重机分类

龙门起重机形式多种多样，其中主要的形式有以下几种：

（1）按门框结构

分为门式起重机和悬臂门式起重机。

① 门式起重机

a. 全门式起重机：起重机内的小车可以运行在主跨度内，且主梁大多无悬伸梁。

b. 半门式起重机：这种起重机的支腿高低不等，且结构大小不一，可以根据不同的场合使用。

② 悬臂门式起重机

a. 双悬臂门式起重机：其对场地的利用及其结构的受力情况都较为合理，是一种最常见的结构形式。

b. 单悬臂门式起重机：当场地面积受限时选用这种起重机较好。

（2）按主梁形式

① 单主梁

单主梁门式起重机主梁一般为箱型结构，结构简单，自重小，但整体刚度稍差一些。因此，单主梁起重机适用于起重量 $Q \leqslant 50t$、跨度 $S \leqslant 35m$ 的条件。其主要有 L 型和 C 型两种门腿形式。通常 L 型的优点是质量较小，受力较为均衡，力学性能比较优异，缺点是支腿空间较小，在运送大型货物时不容易通过。而 C 型支腿克服了上述 L 型支腿的缺点，可以兼顾效率和成本，多为工程上所用。

② 双主梁

按不同的分类标准，双主梁门式起重机可以分为很多种，相比单主梁其跨度更大，承载能力更强，整体稳定性相对更好，但也有以下不足，自重较大，造价也较高。双主梁还可由主梁结构的不同分为箱型梁和桁架梁，箱型结构通常在工程实际中更常用，参见图 3.2、图 3.3。

图 3.2 单主梁门式起重机   图 3.3 双主梁门式起重机

（3）按主梁结构

① 桁架梁

通常，桁架梁由工字钢或角钢焊接而成，其自重通常比较小，造价上经济合理，同时具有较好的防风性能。但桁架梁也具有一些显著的缺点，具有挠度大、刚度较小的劣势，会导致可靠性降低，要进行频繁的检测和维修，这些缺陷主要是施工人员在焊接时的质量问题，因此这种桁架梁也只适合在起重需求较低的小地方施工。

② 箱梁

箱梁门式起重机具有刚度大、较安全等优点，其为箱型结构，通常由钢板焊接而成。但其也具有如下不足：自重大、抗风性较差、不经济等，适用于大吨位及超大吨位的情况。

③ 蜂窝梁

施工过程中较为常见的还有蜂窝梁这种结构，这种结构兼顾了桁架梁和箱梁的全部优点，将它们的缺点摒弃，形成了优质的蜂窝梁结构。其中它本身的结构弦杆位于其上部和下部，在工程实际的吊装过程中主要采用等腰三角形的蜂窝梁，其中主梁的截面为三角形，这种结构刚度比较大，但是挠度较小，所以可靠性较高，因此十分经济，在各种起吊场合都经常用到。此外，由于这种梁型为专利产品，其知识产权受到保护，因而其生产厂家较少。

3.2.2 汽车起重机结构和分类

3.2.2.1 汽车起重机的分类及选用

结合工程实际，当施工现场场地较拥挤，不具备架设龙门起重机的条件时，可以考虑采用汽车起重机起吊的方式。

在港口、车间、工地等场合，都已广泛应用汽车起重机作为吊运机械。近年来，汽车吊、履带吊和轮胎吊常被称作汽车起重机的起重机械。在抢险、救援等方面汽车起重机也发挥了相当大的作用，在特定的情况下其比龙门起重机更具优势[12-13]。

3.2.2.2 汽车起重机分类

汽车起重机不仅种类繁多，分类方法也有很多种，主要有：

　　根据起重量的不同分：小于 5t 为轻型汽车起重机，大于 5t 小于 15t 为中型汽车起重机，大于 15t 小于 50t 为重型汽车起重机，超过 50t 的为超重型汽车起重机。为满足大起重量的需求，有些汽车起重机起重量甚至高达 1200t。

　　根据支腿形式的不同分：蛙式支腿、X 型支腿、H 型支腿。只有在吨位较小时才可以选用蛙式支腿起重机；X 型支腿起重机由于易产生滑移，在实际现场中也很少被采用；H 型支腿汽车起重机跨距较大，稳定性较前两种形式而言更好。鉴于以上几点，H 型支腿为我国国产液压汽车起重机中最常采用的一种形式。

　　根据结构的传动方式可分为：电传动、机械传动、液压传动。

　　汽车起重机是一种循环、间歇运动的起重机械。一个工作循环包括：在起重机吊起重物时需要从起始的方向开始做往返运动，从而使取物的装置转到最初的位置，达到整体的工作循环，并且为下一个起重作业开始做准备。

　　在操作的时候汽车起重机需要从正后方起吊，当我们吊起挖掘机之后板车倒入挖掘机下方。汽车起重机落绳之后需要放下挖掘机。机器在操作的时候是这样的，开始的时候需要启动发动机，之后回转上部回转体，使铲斗油缸和斗杆油缸完全伸出于汽车起重机，同时用动臂油缸降低工作装置至地面，牢固地将锁定杆置于"锁定"位置。关闭发动机之后需要检查一下驾驶室周围是否有问题，如果没有问题，那么可以离开，如果有问题那么就需要把问题解决之后才可以离开。对于装有滚轮护板的机器，开始时我们需要在履带下面吊穿钢丝绳作为传送工具，然后将钢丝绳的起吊角度调整到一个合理的位置，通常暂时取 30 度到 40 度之间，然后再缓慢地利用起吊机器等设备操作，等到大部分机器离开地面以后，需要进行二次检查，然后检查吊钩的损坏状况和起升状态，最后再缓慢起吊。图 3.4 为伸缩式吊臂中型汽车起重机。

图 3.4　伸缩式吊臂中型汽车起重机

3.2.2.3 汽车起重机基本构造

近年来汽车起重机发展十分迅速，主要是受到液压技术、电子工业、高强度钢材和汽车工业发展的影响。液压式汽车起重机已渐渐取代了机械传动式汽车起重机，因为这种起重机自重较轻，从而大大减少了起重的工作时间，有利于提高起吊效率。为了保证起重机的上升回落、变幅度较小以及起重臂的上升和收缩和支腿的稳定性，通常使用的液压起重机采用液压泵或者变量电动小马达提供能量或者进行组合使用，为了防止起重机的起重量过大，导致电动马达本身产生过大的热量从而造成过热的损坏情况，所以在内部设置了许多安全装置。采用多齿轮的电动泵可以使起重机在起吊重物时更加方便，从而提高施工效率。在起重机作业时应该防止突然加载过大导致油管破裂从而发生施工事故，可以在液压系统中设置缓冲阀门等液压锁等安全阀设备。为了防止发生"超载"现象及"超级距离"的现象，可以将钢丝绳牢牢地控制在安全的跳槽装置中。

汽车起重机主要由以下几部分组成，每个构件都有不同的组成形式和作用，具体如下：

（1）底盘

汽车起重机底盘主要具有以下两种：半宽式和全宽式。全宽式驾驶室视野开阔、乘坐舒适，符合人机工程学理论，比较人性化，因而广泛应用于 25t 级以上的汽车起重机。

当前国内悬挂系统主要采用钢板弹簧式的低水平悬挂系统，徐工集团在国内首次采用了液气悬挂技术并运用于其研制的 25t 级全路面起重机。适用于大多数路面作业要求的液气悬挂技术在发达国家已广泛应用，同时应用的还有主动悬挂的设计理念（GROVE 产品还采用了转向桥独立悬挂结构），可见我国与发达国家之间还有一定差距。

循环球式两轮动力转向技术在国内产品转向系统中已经普遍应用，而发达国家已经达到了多轮甚至全轮转向水平，同时正朝着电子控制液力转向发展。

汽车行业中的 ABS 及 ASR 技术已普遍被国际上先进的制动系统所采用，极大地解放了人力。

（2）主起重臂

主起重臂是起重机主要结构件，其起重性能是影响汽车起重机性能至关重要的一个因素，同时对整机的稳定性也是一个很重要的影响因素。

20 世纪 80 年代起重臂材料的种类非常少，只有 16Mn、15MnTi 等有限的几种，而随着科技的发展，现在用于制造起重臂的高强度板材的屈服极限甚至能够达到 110kg 级，正是这种高强度的板材使吊臂强度得到极大提高，同时自重减小了，极大地改善了吊臂的性能。

根据形状的不同，吊臂的截面形式可以分为很多种，主要有四边形、五边形、六边形、椭圆形等。就工作性能而言，椭圆形截面的性能最好，但由于造价和工艺难度相对较高的缘故，没能很好地流行起来，徐州工程起重机厂已能够生产出此类产品。当前国内普遍应用的是六边形吊臂截面，由于受到制造工艺的限制，根据主焊缝数量的差异，可以将六边形吊臂截面分为两条焊缝与三条主焊缝两种形式。两条焊缝形式结构简单，制造难度较小，但对折弯设备的要求高，三条主焊缝截面形式制造难度较大，同时对设备的要求也更高。目前，在全国范围内，折弯设备这一方面做得比较好的企业是三一重工。

伸缩式起重臂为当前汽车起重机最常采用的一种主起重臂形式，通过伸缩油缸及相关机构可以控制起重臂进行伸缩。现在起重量达 25t 的起重机，其起重臂节数可以达到四节。与之相配套的伸缩机构主要有两种：一种伸缩机构由一级伸缩油缸和两级同步伸缩机构组成，其自重较轻，起重臂吊载性能较好，但由于结构较复杂，吊臂在伸缩时易抖动，从而需要控制好吊臂间距，同时还要保持好钢丝绳的受力平衡；另一种伸缩机构由两级伸缩油缸和一级同步伸缩机构组成。此外，由于钢丝绳直径相对较小，在拆装起重臂时，要特别注意保护好伸缩钢丝绳。

在伸缩臂领域，联锁插销式顺序伸缩臂是当前世界上最先进的技术，其结构不仅紧凑，而且相互之间间隙较小，起重性能较好。然而这种吊臂也有以下几点不足：复杂的插销控制以及较高的制作精度。当前国内相关厂家中只有徐工集团有能力生产此类产品，但是相关技术水平很一般，控制可靠性不高，使用效果不理想。

（3）副起重臂

根据截面形状的不同，副起重臂可分为四边形副起重臂和三角形副起重臂两种。两者各有其优势。三角形副起重臂自重相对较轻，而四边形副起重臂侧向载荷能力更强一些。在工程现场，副起重臂通常采用桁架式结构。

一般地，可以通过改变副起重臂的角度来扩大其作业范围。为达到同样的目的，吨位较大的起重机可以考虑配置可伸缩式的多节副起重臂。对于吨位较小的起重机，副起重臂通常挂于主起重臂侧面，使用时将其安装到主起重臂的头部。若汽车起重机吨位较大，可以考虑在实际使用时再安装副起重臂。

（4）转台

高架式单幅板加筋结构为当前主流的转台结构，为满足实际工程的高标准、高要求，可以选用 60kg 级以上的高强度板材作为材料。一般来说，衡量转台优劣主要有以下三个标准：整体结构是否简单明了、整体造型是否美观、整体稳定性是否满足要求。

（5）支腿

支腿主要由两部分组成，一是固定支腿，二是活动支腿。两者共同作用，起到支撑整个起重机的作用。通常将活动支腿放置于固定支腿中，由水平油缸控制伸缩活动支腿，而固定支腿直接与底盘相连。起重机工作前，活动支腿由水平油缸控制放出，而后使垂直油缸与地面接触，从而撑起重机使其离开地面。为实现全角度作业，扩大作业范围，可以考虑使用活动支腿。

为保证起重机作业安全，必须提前确认支腿伸出长度是否满足现场实际要求，同时确保其是否能够可靠地支撑在坚实地面上，保持起重机状态水平、轮胎脱离地面。

（6）回转机构

由于内置式行星齿轮减速机运行效率高，运行平稳，具有很强的承载能力，同时还具有很长的使用寿命等，因此，将其作为汽车起重机回转机构的减速机。

回转支承可以进行全方位回转，其为连接上车与下车的重要部位。要严格遵守有关回转支撑的一些规范，应使用高强抗拉螺栓而不是普通螺栓进行联结，要控制螺栓的相关性能参数，同时经常检查也是必须的。为使润滑脂均匀填充于回转机构中，注入润滑脂的同时还要使回转支承缓缓转动，并且要保证润滑脂的充入量，以密封处渗出油脂为停止填充作业的标准。同时要注意其表面的清洁，不能用水直接冲刷回转支承，也要避免光直射回转支承，还要防止齿啮合区有杂物进入造成损害。

（7）起升机构

起升机构通常包括主、副起升机构两部分。通常起升机构都会包括主起升机构，根据客户需求的不同，可以选择是否配置副起升机构。

起升机构通常由以下几部分组成：卷筒、马达、钢丝绳和减速机。在工程现场，内置式行星齿轮减速机应用最为广泛。

起升机构安装及使用的注意事项如下：保护钢丝绳免受破坏，务必要保证绳头固定牢固，尽可能避免钢丝绳相互缠绕（如不可避免地发生了应小心处理，防止钢丝绳受损），及时检查钢丝绳是否损伤并根据标准判定是否报废。

当出现下列情形时，必须严格依据标准判定是否予以废弃：起升机构表面出现裂纹、磨损、扭转变形、危险断面及钩筋出现塑性变形等。需要特别注意的一点是，起重钩如果出现问题，绝对不能进行电焊。

（8）变幅机构

通过伸缩变幅油缸，吊臂角度可以由变幅机构控制来变化。外置式幅度指示器和电子显示式幅度指示器是两种主要的幅度指示器。当今常用的汽车起重机上的力矩限制器都配备有液晶显示屏，吊臂的工作角度和幅度都可以清楚地显示在上面。

（9）液压系统

当前汽车起重机中的液压系统种类繁多，目前实际现场中采用较多的是由斜盘式轴向柱塞变量泵和齿轮泵组成的开式系统双泵。为满足现场实际的需要，泵的流量在现场根据实际荷载来调节，通过柱塞变量泵的恒功率控制、压力切断和负载敏感控制等调节泵的排量；为满足空载低压和排量很小条件下泵仍能正常运转，并同时起到节流和节能功效，可以考虑采用恒功率下的负荷敏感控制变量泵。

在工程实际中，广泛使用的汽车起重机主控制阀组普遍带有LUDV（负载敏感）功能。液控先导比例操纵的多路换向阀控制系统具有以下优点：具有比较好的比例控制性能、操作较为简易、比较好的微动性能。

为避免侧向拉拽汽车起重机的起重臂，一般可以使起重臂中心线所在平面通过自由滑转转至吊运物体重心的上方。

为灵活调节汽车起重机各个支腿的伸缩，当前普遍将电磁换向阀组应用到支腿液压系统中，其在汽车起重机两侧都可以进行操作，各支腿之间的伸缩互不影响。为防止垂直油缸非正常伸缩（工作状态时的坠腿、行驶状态时的掉腿），双向液压锁在每个垂直支腿油缸上均有布置。当前支腿操作技术十分先进，在很多方面都能够实现自动化。

（10）电气系统

通过在汽车起重机中设置过放、过载、过卷等保护装置，可以保证起重机的安全使用。汽车起重机中普遍装有力矩限制器，自动化程度也非常高，同时液晶显示设备也已经非常普及，主臂长度及角度、容许起升高度、允许起重量、吊钩的实际载荷、实际作业幅度等参数都可以清楚地呈现于液晶显示设备上。大吨位起重机中也应用了一些其他先进技术，比如总线系统及故障自诊断系统。

当前工程实际或现场，为了确保安全，起重机中均配备有报警装置。由于工程现场或实际中起重机起升高度通常并不会完全相同，所以起重臂通常由多节臂段组成以满足不同的需求。汽车起重机起重臂的伸缩方式主要有两种，为顺序伸缩和同步伸缩。我们知道，起重能力对于起重机而言是相当重要的，因此为达到这一目的，将同步伸缩广泛应用于大吨位起重机中。起重臂每一段的伸缩都非常灵活，伸缩过程中通过油压进行控制。当汽车起重机进行对预制方涵的起吊行驶时，一般由起重机副臂安放在主臂的侧方或者其下方。当起升和摆动机构进行运转时，这些结构的操作装置一般设置在转台之内，反而对于吨位较大的起重机，可以直接将发动机设置于转台之上。回转支承可以将转台与底架联结起来，同时还可以承受很多种不同的荷载。汽车起重机构驱动卷筒主要有两种方式，第一种是油液控制变量，第二种是由定量马达通过减速机来完成。为使汽车起重机内相关部位能够实现无级变速，同时降低作用于起重机上的荷载，可以选择采用液力变矩器。钢丝绳的一些保护及报警装置的设定可以有效预防钢丝绳的过卷。根据实际需要，为实现双钩作业，可以将副起升机构设置于吨位较大的汽车起重机上。

3.2.2.4 汽车起重机保养和维护

保养和维护对于汽车起重机而言相当重要，如果保养维护较好可有效保证汽车起重机机械的使用安全，也可以确保汽车起重机机械设备在提高持久性的同时还能延长使用年限，进而带来更多的经济效益。在使用过程中，由于振动、摩擦等多种因素的作用，汽车起重机零部件和连接件的松动、腐蚀、老化、破损等现象都是不可避免的。因此，定期对汽车起重机的零部件及连接件进行检查，修补安全漏洞，对于延长其使用寿命至关重要。同时为了实现更好的经济效益、消除隐患、创造安全的施工环境，也需要做到以下几点：定期对相关部位进行润滑，对其松动的部件及时加固，对起重机中容易损坏的部件经常检查。

3.2.2.5 汽车起重机的相关技术参数

起升重物的为质量，通常采用 G 来表示，符号通常使用 kg 或者 t 来表示，通常分为如下几类：

（1）额定起重量 G_n

额定起重量通常用 G_n 表示，主要包含以下两部分：汽车起重机能吊起的物体质量，可分吊具或属具（如平衡梁、电磁吸盘、抓斗等）的质量。

（2）总起重量 G_z

总起重量通常用 G_z 表示，主要由以下 3 部分组成：起重机可以吊起的物体质量，可以分为本身吊具结构的质量，以及长期固定在汽车起重机本身上的吊具质量。

（3）有效起重量 G_p

汽车起重机能吊起的物体的净质量通常被称作有效起重量，一般用 G_p 表示。

① 一般来说，汽车起重机标牌应醒目标示在汽车起重机的明显位置处，其上标定的起重量，一般是指汽车起重机的额定起重量。

② 由于臂架类型不同，汽车起重机的额定起重量不是固定值，而是一个经常发生变化的数值，所以通常通过起重力矩这一指标来反映汽车起重机的起重特性。标牌上标定的值就是最大起重量。

③ 对于设置有可分吊具的起重机械，有效起重量指的仅是允许起升物料的质量，而总额定起重量一般是指其吊具和物料质量之和。

汽车起重机取物装置上极限位置与运行轨道顶面（或地面）之间的垂直距离通常被称作为起升高度，一般用 H 表示，常用单位为 m。当汽车起重机通过使用吊钩进行作业时，其起升高度应计算到吊钩钩环中心；而当汽车起重机通过使用抓斗及其他容器进行施工作业时，其起升高度应计算到容器底部。

（1）下降深度 h

下降深度通常是指取物装置由其初始位置到地面或轨道顶面以下的下放距离，一般用 h 表示，常用单位为 m。也可以这样说，下降深度也就是起重机水平支承面与吊具工作位置之间的最短距离。

（2）起升范围 D

一般将一汽车起重机的起升高度和下降深度之和称为其起升范围，通常用 D 表示，常用单位为 m。汽车起重机的起升范围也就是吊具最高位置与吊具最低工作位置之间的最短距离。

桥式起重机运行轨道中心线之间的水平距离通常被称作是起重机的跨度，一般用 S 表示，常用单位为 m。

小车的轨距是指桥式起重机的小车运行轨道中心线之间的距离。

而汽车起重机的轨距是指地面通过轨道运行的起重机其运行轨道中心线之间的垂直距离。

就旋转臂架式汽车起重机而言，幅度通常是指旋转中心线与取物装置铅垂线之间的水平距离，一般用 L 表示，常用单位为 m。而对于非旋转臂架式汽车起重机，通常将臂架后轴与吊具中心线之间的水平距离称为是幅度。

当臂架倾角最小，或者是小车位置与起重机回转中心之间的距离达到最大值时，汽车起重机取得一个最大的幅度值，称为最大幅度；反之为最小幅度。

汽车起重机工作机构在额定载荷下稳定运行的速度通常被称为工作速度，一般用 V 表示。

（1）起升速度 V_q

运行平稳时，汽车起重机额定载荷的垂直位移速度通常被称为起升速度，一般用 V_q 表示，常用单位为 m/min。

（2）大车运行速度 V_k

额定载荷下，汽车起重机在轨道或水平路面上的运行速度为大车运行速度，一般用 V_k 表示，常用单位为 m/min。

（3）小车运行速度 V_t

额定载荷下稳定运动时，小车在水平轨道上的运行速度通常被称为小车运行速度，一般用 V_t 表示，常用单位为 m/min。

（4）变幅速度 V_1

稳定运动状态下，当额定载荷取最小值时，最大幅度与最小幅度之间水平位移的平均线速度通常被称为是变幅速度，一般用 V_1 表示，常用单位为 m/min。

（5）行走速度 V_0

当汽车起重机行驶在水平路面上时，载荷为额定值时的平稳运行速度通常称为是行走速度，一般用 V_0 表示，常用单位为 km/h。

（6）旋转速度 ω

当汽车起重机行驶在水平路面上时，绕其旋转中心的旋转速度通常被称为是其旋转速度，一般用 ω 表示，常用单位为 r/min。

汽车起重机吊钩与其回转中心之间的水平距离通常被称为是起重半径，一般用 R 表示，常用单位为 m。

起重量、起重高度和起重半径这三个参数可各自独立变化，但都受制于起重臂臂长和起重臂仰角。在起重臂长为一个定值时，仰角与起重半径之间的关系为反比例关系，而仰角与起重高度、起重量之间的关系为正比例关系。

3.3　城市预制拼装式地下管廊的吊点形式

关于吊点的形式在市场上有很多种，选择一种适用预制构件的吊点形式是工作研究的重点。吊点的设计形式主要为吊环螺钉与吊装锚栓两类[16-17]。

吊环螺钉应用非常广泛，涉及港口、电力、石油化工、矿山、边坡隧道、铁路、公路、建筑、冶金化工、汽车制造、管道辅设、海洋工程、桥梁、航空、航天等非常多的行业，在基础建设工程的机械设备中也经常能见到吊环螺钉的身影[18-21]。而吊环螺钉最主要的还是应用于机械设备吊装，如图 3.5 所示。

吊装锚栓：主要用于混凝土预制构件的预埋，市场上性能表现突出的是 DEHA 吊装锚栓系统，如图 3.6 所示。

圆锥头吊装锚栓根据不同的荷载强度和长度可以分为不同的结构形式，通常采用管片和井筒的结构尺寸大小不同，从而为不同结构尺寸的钢型提供经济可靠、施工效率高的解决措施。在实际施工过程中，通常吊装锚索处于阴槽内部，不会对预制构件造成外观

图 3.5　吊环螺钉

影响，在工程上采用的 DEHA 吊装锚索系统和拆模器组成以后，可以通过万向吊头形成吊装方式，从而形成完整的吊装结构，这种 DEHA 锚栓具有以下优点：

图 3.6 吊装锚栓

① 这种锚栓本身设计的安全系数较高，不会对预制方涵的混凝土造成破坏，从而增加了方涵的整体质量；

② 在所有的锚栓端头处都有安全级别识别标识，不会产生混淆；

③ 本锚栓安装方便，施工简单；

④ 可以增加起吊预制方涵的施工效率[22]。

3.3.1 吊点位置与起吊平稳性的关系

在具体施工过程中，因为吊装物的大小质量都各不相同，通常根据吊点的位置不同，通常可以将吊点细分为上吊点和下吊点。众所周知，在解决施工的关键性问题时，首要的就是保证安全施工的问题，由于吊装过程中难免会因为风速和起重机不平稳的现象造成起重物的摇晃，因此吊点的合理设计至关重要，吊点的设置在施工过程中需要合理设计，要保证重心尽量不会发生偏移现象，以免吊具受力不平衡，要保证个别吊具的受力均衡。因此平稳起吊在设置吊点时至关重要[23]。

（1）上吊点与重心的相对位置关系

被吊物通常会受到两个方向的力的作用，一个是方向竖直向下的重力 G，另一个是方向竖直向上的提升力 F，若刚开始起吊时 F 与 G 之间就存在一个水平距离 L，那么被吊物就会受到一对力偶的作用，从而促使被吊物转动，力偶较大时甚至会发生倾倒，如图 3.7 所示。随着被吊物自身的转动，F 与 G 的水平距离 L 渐渐减小为零，最终提升力 F 与重力 G 处于同一竖直线上，此时由于力偶的力臂长度为零，被吊物就不再受力偶作用，但被吊物由于惯性的作用仍然会继续来回摆动，当达到一定高度时，整体的动能为零而势能达到最大值，此时在作用力 F 与 G 的作用下被吊物又将受到力偶作用（方向与原来相反），被吊物在新力偶作用下将向原来方向摆动，从而开始循环往复地摆动。由于受到空气阻力作用，被吊物总能量持续减小，运动状态也逐渐被遏制，直至处于平衡位置（即初始平衡位置）。如果此时作用力 F 与重力 G 大小恰好相等，则可以称被吊物达到平衡状态，如图 3.8 所示。

通过上述过程可以得出：当开始起吊时，若 F 与 G 处于同一竖直线上，通过受力分析，被吊物处于平衡状态，起吊过程中就不会左右摆动，此时上吊点与被吊物重心位于同一竖直线上，如图 3.9 所示。

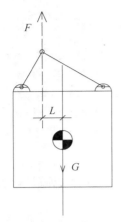
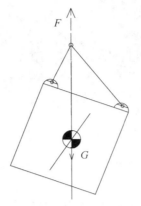
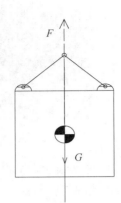

图 3.7　被吊物初始受力图　　　图 3.8　被吊物初始平衡位置图　　　图 3.9　平稳吊起

（2）下吊点与重心的上下位置关系

物体本身固有的惯性导致被吊物在吊运过程中倾斜了角度 α，而此时下吊点位于被吊物重心上方，被吊物在力偶作用下将发生偏转，如图 3.10 所示。可以得到，被吊物经过往复运动以后，最终仍会停留在初始的平衡位置。若在被吊物重心下方设置吊点，如图 3.11 所示。类似地，当倾斜角度为 α 时，若被吊物重心不超过吊点 N 所在平面，被吊物也依然可以返回初始的平衡位置，但若重心位置超过了吊点 N 所在平面，则 G 和 F 共同作用产生的力偶会使被吊物倾覆，严重影响施工安全。因此，设置被吊物吊点时，应尽可能地将其设置在被吊物重心之上。

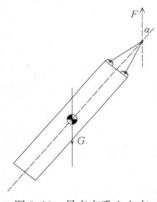
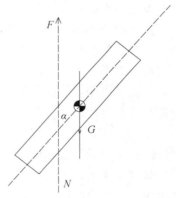

图 3.10　吊点在重心上方　　　　　　　图 3.11　吊点在重心下方

3.3.2　吊点与钢丝绳接触面曲率半径的关系

钢丝绳与连接件（吊钩、吊环、法兰和卸扣等）连接时，两者之间的接触面半径应大于钢丝绳直径，在自身直径上弯曲时钢丝绳可能损失其原始强度的 50%。当钢丝绳与被吊物表面的棱边接触时，由于受到多个力的作用，接触部位在很短的时间内可能会出现局部集中断丝、绳股开裂和绳芯外露等问题[24]，这对索具而言是极不利的，同时也影响了汽车起重机的使用。

一般地，为保护钢丝绳绳体，可以将钢丝绳索具套环设置于绳套内，但其也有一个很大的不足：受力后会产生一定变形，因此在重要场合中索具套不太常用。而重型套环却可以适用于要求比较高的场合，相比较锁具套环而言重型套环更不容易破坏。有时钢丝绳与吊点需要直接接触，比如说遇到吊点为法兰结构的情况或没有与绳径相匹配的套环时，就必须将钢丝绳与吊点直接接触。在实际应用过程中，整个轴径的增加是不太现实的，因为当轴径增加后耳板尺寸也会增加，从而会增加吊点原材料用量，而且尺寸上也会受到限制。对此，可以通过增加销轴与钢丝绳接触部分的直径来解决以上问题，还可以通过在轮体表面设置与绳径相匹配的槽来增加钢丝绳与吊点接触面的接触面积，来延缓磨损速度，为减轻轮体质量还可在其上开辟凹槽或孔。

此外，最好不要在吊物的侧面进行吊点的设置，当在被吊物的侧面进行吊点设置时，若不是被吊物设置有特殊的外部形状，容易出现钢丝绳接触到被吊物棱边的情况，此时钢丝绳会受到较为严重的局部磨损情况。若上述状况不可避免地出现了，作为应对措施，应设置垫块或专门用于钢丝绳的护角于钢丝绳磨损最为严重的部位。钢丝绳的护角应与被吊物边缘吻合，另一面通过的曲面应大于钢丝绳直径 2 倍且与钢丝绳相接触，同时为防止在起吊过程中垫块的脱落，垫块应与被吊物紧密固定在一起。

3.3.3　吊点方向的设置

吊点设置中同样重要的一点是方向的设置，此处应特别注意有耳板存在的一类吊点。在实际工程中设计者经常会忽视吊点的位置及受力情况，而只考虑到被吊物用途以及其外观是否美观。沿被吊物边沿进行吊点的排放是吊点设置中最常见的一种形式，不过这种形式存在着严重的不足，就是在此种形式下索具或连接件的受力往往不是很好。以下分析一下实际工程中的应用情况。

（1）两吊点情形

两吊点情形时，两吊耳的销轴轴线垂直于重心所在的竖直线，当对配重块进行吊装时，绳套中套环由于受到耳板的限制会发生较为严重的变形，甚至产生套环脱出的现象。当使用较大直径的销轴，不使用套环时，钢丝绳也会提前发生受弯损坏的现象，如图 3.12 所示。可采用将销轴轴线的方向旋转 90° 的方式来解决此问题，如图 3.13 所示，此时耳板将不会限制绳套的自由转动，从而优化整个吊点的受力效果，如图 3.14 所示。

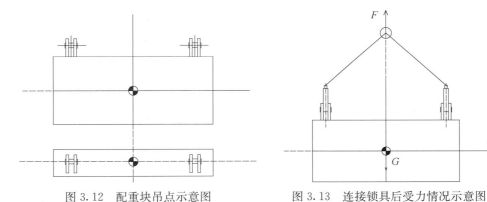

图 3.12　配重块吊点示意图　　　　　图 3.13　连接锁具后受力情况示意图

由于吊点结构的特点，索具单肢于吊点中只会有绕着销轴的轴线 L 进行摆动以及沿着销轴轴线 L 的方向滑移。在起吊全过程中索具单肢必须绕 N 和 K 这两个吊点摆动，换句话说也就是，索具只能在 N 和 K 这两个吊点连线所在的竖直平面 $NHKG'$ 内进行摆动。经上述分析，上吊点与重心在一条垂直线上时才能保证吊装的平稳，因此索具摆动的平面 $NHKG'$ 应过重心在平面 $ABCD$ 的投影点 G'，所以，吊点的销轴的轴线 L 应与平面 $NHKG'$ 垂直，此时耳板将不会对索具摆动产生影响，如图 3.15 所示。

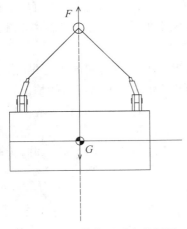

图 3.14　优化后受力分析图

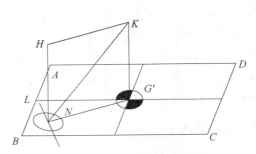

图 3.15　吊点布置方向分析图

（2）四吊点情形

当前工程实际中最常见的一种吊点布置形式就是四吊点情形，如图 3.16 所示，一般也可以将其优化为如图 3.17 所示，使其受力更为合理。其实际情况参见图 3.18。

吊环类吊点、钩类吊点等也都与耳板类吊点类似，存在相似情况。

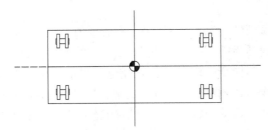

图 3.16　四吊点被吊物常见吊点设置方式

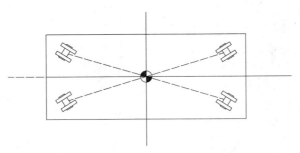

图 3.17　优化后吊点设置方式

图 3.18　实际工程中的四吊点起吊

3.3.4　吊点改进的工艺原理

对于常规的拉环式吊点正常情况下可能会出现一些问题，比如构件的吊点位置有较大的偏差、构件表面出现返锈现象等。为此，可以对吊点工艺进行创新改进来解决这些问题。

根据当今工程的实际情况，受大型沉箱预制工艺启发，在满足吊装需要、吊点安装精度的条件下，为减少磨损，一种新型拉环式吊点在工程实践中得到广泛应用。

拉环式吊点如图 3.19 所示，构件的起吊受力点为拉环，吊具为挂钩。在预制构件的制作过程中，为保证足够的准确性，吊点的平面位置可以通过定位钢筋来确定，使用期间用橡胶罩套住拉环式钢筋从而防止返锈现象发生。

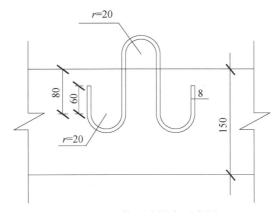

图 3.19　拉环式吊点示意图

3.3.5　吊点改进的工艺流程

结合新型拉环式吊点的工艺原理，并综合对预制构件外形尺寸的控制和对成品的保护等，经过分析整理得到了一套成熟的工艺流程。

（1）在施工过程中，一般制作构件时，铜材采用定型的钢模板来确定工程所需的构件外形、大小尺寸等，并且同时在设置防护生锈的措施上采用电镀的方式，其中的焊接方式采用角钢模板相互连接，将钢筋进行特殊绑扎[25]。

（2）设置吊架横梁于模板上。

（3）通过定位钢筋调节拉环式钢筋升降，待拉环式钢筋中截面与构件顶面一平后，将拉环式钢筋与其他钢筋绑扎以进行稳固。

（4）先确认好拉环式钢筋位置，而后再进行混凝土浇筑，为防止吊点位置产生偏移，混凝土搅拌车不能直接向模板内倾倒混凝土，同时分灰工作应由人工进行操作。

（5）定位钢筋拆除工作应在混凝土初凝完成后。

（6）在等到混凝土固结强度超过 70% 以后，方可采用特别制成的一种吊环式的吊具来进行存放或安装。

（7）在构件安装完成并检查合格后，对暴露于空气中的吊环式钢筋涂抹黄油以防止其锈蚀。完工后表面美观（图 3.20）。

图 3.20　拉环式吊点现场图

3.4　城市预制拼装式地下管廊吊具设计形式

在实际工程中，依靠预制方涵的结构大小，根据不同的预制方涵的结构特点，采用不同的力学设计吊点模式，在本工程常用的是钢丝绳来进行预制方涵的吊运。

钢丝绳索具的原料为钢丝绳，经过合理的设计和加工处理可以产生新型的钢丝绳索具，在化工、港口、运输、钢铁等行业中经常能够看到钢丝绳索具，这主要还是因为其有如下几个特点。如：强度较高、自重较小、操作较平稳、整根不易发生骤然折断等优点。现钢丝绳品种较多，有磷化涂层钢丝绳、不锈钢丝绳、镀锌钢丝绳以及光面钢丝绳等。

由于不同的力学设计导致了不同的钢丝绳的力学性能都各不相同，通过工艺制造可以将其分为三种钢丝绳，具体结构如下：

（1）采用了不同的插接方式或者压缩工艺将钢丝绳的某一段糅合成圆环状。

（2）一般采用巴士合金或者是树脂型浇铸而成的索具。

（3）采用绳夹对钢丝绳进行卡紧制造成的索具。

（4）用盘结的方式盘结成无接口索具。

（5）可根据要求制作成不同肢的索具。

钢丝绳索具分为 9 种类型：

（1）压制钢丝绳套索具（纤维芯 FC）。

（2）压制钢丝绳套索具（钢芯 IWRC）。

（3）插编钢丝绳套索具（纤维芯 FC）。

（4）插编钢丝绳套索具（钢芯 IWRC）。

（5）压制钢缆钢丝绳套索具。

（6）插编钢缆钢丝绳套索具。

（7）无接口绳圈索具（纤维芯 FC）。

（8）无接口绳圈索具（钢芯 IWRC）。

（9）浇铸钢丝绳索具。

由于预制构件的长度、高度、质量、形心均不一样，首先确定钢丝绳索具的形式，然后依据预制构件的形心及 DEHA 圆锥头吊装锚栓的角度要求，计算钢丝绳的长度、直径等参数。每个类型的预制构件采用一套钢丝绳索具。

为了增强钢丝绳索具的防锈性能，需要在露天的环境下采用镀锌工艺，保证正常工作。

在工程施工中，除了钢丝绳索具最外层的磨损以外，还有的是因为吊钩在反复的使用过程中所产生的疲劳磨损现象，所以吊钩和被钩物的距离以及钢丝绳的直径都是索具耐久性的重要因素。

钢丝绳索具表面如果出现磨损腐蚀等情况时，要根据规定予以测量，如果超出标准值则要废弃。

在吊运过程中也需要采用钢丝绳索具，在一些高强度的吊运过程中，应该严格禁止人或者物体在被吊物下面。

预制构件的形心确定可采用 AutoCAD 软件建模后查找，根据索具与 DEHA 圆锥头吊装锚栓的夹角要求计算出索具长度，钢丝绳索具参数确定如表 3.1。

表 3.1　钢丝绳索具参数表

序号	材料名称	预制构件质量	安全系数	长度（m）	直径（mm）	规格	单位	数量
1	钢丝绳索具	7.5t	6 倍	4.5	44	6×36SW-镀锌钢芯带油，抗拉强度 1870/mm²	根	4
2	钢丝绳索具	7.8t	6 倍	3.2	44	6×36SW-镀锌钢芯带油，抗拉强度 1870/mm²	根	4
3	钢丝绳索具	7.1t	6 倍	4.5	50	6×36SW-镀锌钢芯带油，抗拉强度 1870/mm²	根	4

续表

序号	材料名称	预制构件质量	安全系数	长度（m）	直径（mm）	规格	单位	数量
4	钢丝绳索具	8.3t	6倍	7.3	50	6×36SW-镀锌钢芯带油，抗拉强度1870/mm²	根	4
5	钢丝绳索具	9.1t	6倍	11.6	52	6×36SW-镀锌钢芯带油，抗拉强度1870/mm²	根	4

3.5　城市预制拼装式地下管廊吊运技术措施

3.5.1　起吊工况分析

　　预制方涵在进行部分构件吊装的过程中，由于本身方涵的构件尚未形成明确的受力体系和受力状态，因此必须详细地计算在起吊和运输过程中的受力行为和特征，保证其受力安全，防止出现较大的变形裂缝。

　　通过受力分析，可以发现除了在吊点出现了较大的集中应力现象外，其他结构部位的水平拉力均处于安全范围之内，都没有超过1.3MPa，这种抗拉强度都没有达到混凝土本身的抗拉强度，所以说混凝土整体是安全的。分析吊点区域内的情况，由于应力集中的现象会导致水平拉力过大，但是仍旧只有仅仅的3.2MPa，考虑到在实际工程中吊点一般设置了螺旋纹状的箍筋，所以对吊点具有一定的加固作用，同时预制方涵内部又设有分布钢筋，可以提升其抗拉承载力，能和混凝土一起保持工作，因此计算结果仍旧是比较保守的，所以吊装过程中是极为安全的。

3.5.2　吊运技术注意事项

　　（1）在管廊施工时必须选用经验丰富的指挥人员，指挥人员要具有丰富的吊装理论和吊装经验。吊装前操作人员必须进行身体检查，需要去正规医院进行体检，如果体质有问题不适宜在高空作业，要禁止其在高空作业。吊装人员必须持有特殊岗位操作证明，要有丰富的经验才可以完成施工。在施工时要明确交流方式，必须全面检查预制方涵构件的安全性，等到检查完毕后才可进行吊装操作。

　　（2）在高空进行焊接操作过程时，施工场地应该清洁，场地应防止爆破物堆积，在施工时应该将这些爆破物清除出去，在停止施工操作时，应该及时地切断电源，为了防止设备在场外施工被雨水浇湿，需要在设备外层涂抹一定的防水材料和防腐材料。在焊接过程中，切忌在潮湿的平台上使用会产生电火花的设备进行电焊，防止在平台上放置易燃易爆炸物品，在焊接时操作人员要时刻注意自己的安全，要戴好焊接手套和焊接面具，在施工过程中应该时刻和电火花保持距离，戴好护目眼睛，防止平台底下的操作人员随意走动。在焊接过程中要保证轻微调控机关，要注意操作，要设置一定的安全警戒线，操作人员必须要精通焊接知识，要有几年以上的相关工龄方可施工。

　　（3）起吊过程中，应该严格禁止交叉作业，如果迫不得已必须交叉作业时，需要设置一定的防护措施。

（4）在吊装过程中，为了保证吊装平台的强度，必须采用牢固可靠的安全措施。有些特殊构件在高空作业时，一定要及时地布控支护措施，要安装铁丝防护网，防止特殊构件在高空坠落。安全人员在平台施工时必须要加强自己的安全防范措施，做到安全第一，必要的时候需要系好安全带，需要穿上特殊工艺制造的防滑鞋、戴上防滑手套等，在钢丝上行走工作时，应该时刻注意自己的脚下，要在特定通道前行。

（5）在施工场地进行施工时，严控在夜晚进行起吊，在夜晚应该设置警示牌，在施工场地晚上应该设置一个长亮灯，一定要严格保证夜晚施工人员的安全问题，尽量避免在夜间施工。

（6）在施工时采购一批新设备时，在投入施工使用前，必须要检查有关设备的说明书，并且要让操作人员研读，争取在最短的时间内熟悉设备，必须要经过专业人员检验合格之后才可以投入使用。在使用大型起重机设备时，场地必须牢固可靠，要安装轨道给龙门吊提供自由移动的空间，场地必须承载力合格。

（7）在吊装过程中，若地处沿海，风速比内陆的风速级数要大得多，所以需要有专业的人员定时听天气预报，在强风天气下，要关闭起吊设备，要将钩头卸下，做好安全准备工作。

（8）在吊装过程中，严格禁止抛弃物品，尤其是各种建筑工具（如扳手），如果紧急需要，必须停止起吊后才可进行下一步操作。

（9）在进行现场焊接时，在雨天或者潮湿的环境下禁止焊接，要保证干燥的环境才可施工。

（10）在施工现场应该保证起吊场地的整洁，在施工场地不能乱丢垃圾，在现场施工时要严格禁止在被吊物下逗留，在起吊完毕后，要切断龙门吊等设备电源，并且观察片刻才可以离开场地。

（11）工程上的涂料具有极强的可燃性，应该找人严格监管，在防腐涂装施工中，其所使用的材料基本属于易燃品，且有一定的毒性，所以，防火、防爆、防毒要格外重视[26]。

（12）季节施工时，季节施工的防护措施一定要严格把控，实时与气象台做好信息的互通，遇到雨季，在施工过程中一定要有专人负责天气预报的预警，真正做到及时防护，以防出现突发情况。如果在汛期和台风暴雨来临期间，要求项目经理特意部署施工人员轮流工作，要随时采取预防措施，在风雨过后，要严格进行二次检查和维修，防止因为风雨过后的漏电现象，只有在保证安全施工的前提下才可以继续开工。

3.5.3　吊运安全技术措施

（1）作业前应做好如下检查：

① 检查起重工具是否完好，是否灵活、可靠。不得使用不符合要求的起重工具。

② 核定起重工具所能承受的载荷是否符合起重设备的要求，不符合的不允许使用。

③ 检查起重工具的附属器件（如吊环、绳扣，滑轮、钢线等）是否符合起重设备要求。

④ 起重工具的固定，首先检查固定起重设备的棚、梁、锚杆等设备可靠、牢固、稳定。并认真检查周围是否有不安全隐患，否则不允许施工。

⑤ 起重设备封车、捆绳必须牢固，有吊环的设备必须在吊环上穿绳扣，并认真检查吊环是否有裂纹，丝扣是否上满，不允许在非承力的部件上固定绳扣。无吊环的设备必须使用直径不小于 ϕ12.5mm 的油丝绳用绳扣或绳卡子可靠锁好，绳卡子不少于 3 个。

（2）工作前，必须指定施工负责人、安全负责人。所有作业前的检查及施工中的检查、监护均由施工负责人、安全负责人共同负责，在施工负责人与安全负责人意见不一致时，一切服从安全负责人。

（3）作业中应注意以下事项：

① 一切检查完毕，施工负责人、安全负责人确认无隐患后方可开始作业。

② 开动设备前施工地点周围不得有人行走，发现异常现象及时停止设备。

③ 缓慢拉动起重机，并随时观察起重设备、起重工具及周围棚、梁锚杆是否有异常情况，如有异常情况立即停止作业，重新检查，重新紧固。

④ 吊运大件时，必须一人作业，一人监护（监护人应在作业地点 3m 内的安全地点），其余人员一律退到安全距离以外（安全距离随现场而定，由安全负责人指定）。

⑤ 大件物品经过运转设备时，运转设备必须停止，开关把手打至零位并自锁（留人现场监护）。

⑥ 大件物品途经上、下山及坡度较大的巷道时，大件下方严禁有人作业或有闲散人员穿行。监护人员及其他人员应在大件的上方，安全负责人应指定一人在下方设置安全警戒线，任何人不准进入警戒区。

⑦ 起重工具每更换或大件重新捆绑一次，都要按照本措施第一项进行检查。

⑧ 大件物品遇下山坡度较大（超过 25°）巷道下运时，严禁自由放落。应用符合要求的起重工具缓慢放落，并用合格的钢丝绳锁住（15.5mm 以上的钢丝绳），钢丝绳长度不超过 3m，并将一头锁在重物上，另一头锁在周围的棚、梁上，棚、梁必须紧固可靠，钢丝绳没有富裕时，再用另一根钢丝绳用前面的方法锁住重物。

⑨ 运电机时，要注意保护好接线盒、风叶等易损件。

⑩ 用大、小绞车运件时司机必须是领导安排的指定司机并持证上岗，大件必须由机修工可靠封好。在车辆运行时，车速不得超过 1m/s，并严格执行管理制度及作业规程，正确使用"一坡三挡"。平巷人力推大件时，前方安全地点必须有人打信号，严禁放飞车，严格执行平巷推车的有关规定，速度不超过 0.5m/s。

参考文献

[1] GB/T 26474—2011. 集装箱正面吊运起重机 技术条件［S］. 2011.

[2] 孙大洪. 门式起重机地震响应及动态可靠性分析［D］. 西安建筑科技大学，2010.

[3] 刘武胜，蔡虹，袁旭潞. 起重机的构造特征与发展趋势——钢丝绳电动葫芦篇［J］. 起重运输机械，2010（01）：1-4.

［4］陈洪财．桥门式起重机起升机构智能化设计研究［D］．西南交通大学，2014．

［5］张质文等．起重机设计手册［M］．中国铁道出版社，1998．

［6］左荣荣．起重机回转机构安全评价研究［D］．太原科技大学，2012．

［7］程建棠．电力建设门式起重机结构设计与分析［D］．浙江大学，2013．

［8］朱小龙．门式起重机轻量化研究及局部载荷作用下腹板屈曲分析［D］．西南交通大学，2012．

［9］陈敢泽．新型门座起重机的特点与选型［J］．港口装卸，2008（04）：19-22．

［10］刘磊．单主梁门式起重机动态特性［J］．辽宁工程技术大学学报（自然科学版），2013，32（04）：521-526．

［11］乔良．单主梁门式起重机的力学特性研究［D］．辽宁工程技术大学，2012．

［12］王庆远，唐红美．汽车起重机发展趋势浅析［J］．工程机械文摘，2012（02）：48-50．

［13］郑红，吴国锐．轮式起重机国内外现状及发展趋势浅析［J］．煤矿机械，2010（08）．

［14］薛盼．汽车起重机臂架结构分析与优化设计研究［D］．兰州理工大学，2011．

［15］孙世伟，施倚．汽车式、轮胎式起重机安全作业有哪些要求［J］．劳动保护，2016（4）：99-99．

［16］隋秀龙．大型预制拼装式构件吊运技术研究［J］．珠江水运，2016（13）：76-77．

［17］姚怡文，蒋理华，范益群．地下空间结构预制拼装技术综述［J］．城市道桥与防洪，2012（09）

［18］李瑞敏，张健，李安国．吊环螺钉的强度校核及正确使用［J］．机床与液压，2013，41（16）：172-173．

［19］邓辉，宋优优．预制混凝土构件吊具产品现状与发展趋势［J］．混凝土世界，2015（12）：79-82．

［20］赵勇，王晓锋．预制混凝土构件吊装方式与施工验算［J］．住宅产业，2013（Z1）

［21］GB 50666—2011．混凝土结构工程施工规范［S］．2012．

［22］隋秀龙．大型预制拼装式构件吊运技术研究［J］．珠江水运，2016（13）：76-77．

［23］李国英，李旭昆．起吊用吊点的设置探讨［J］．金属制品，2014，40（5）：55-59．

［24］李国英，马磊，王英英．钢丝绳压制索具研究和应用［J］．金属制品，2015，41（4）：4-8．

［25］高平原，朱铁昆，孙宗津．混凝土构件新型吊点施工方法［J］．水运工程，2013（1）：176.178．

［26］高淑娟．建筑钢结构工程吊装安全技术［J］．技术与市场，2011，01（7）：122-122．

4 城市预制拼装式地下管廊拼装技术

4.1 城市预制拼装式地下管廊构件接口

4.1.1 预制管廊构件之间的接口构造

预制混凝土涵管的连接是保障管道质量的重要环节。预制混凝土涵管应该以这样的方式连接，即在管道的整个生命周期内保持界面密封的可靠性；预制混凝土涵管的连接应能适应施工过程的要求；它简单方便；预制混凝土涵洞的连接应易于制造；预制混凝土涵管连接形式简单，成本低。

预制混凝土涵管主要有两种类型的箱涵连接：组件之间的连接采用纵向锁定装置（纵向串联连接）；部件之间没有锁定装置的连接。组件之间无约束锁定设备的连接分为刚性接口和柔性接口。

（1）与纵向锁定装置的连接（纵向串接方式）

与纵向锁定装置的连接作为一个整体连接每个管道，所使用的方法是预留涵洞中的肋孔，并将高强度钢筋或钢绞线插入管道接头并张紧。管段连接成一个刚性整体管道，以抵抗不均匀的地基沉降。由于每个部分涵洞之间的垂直压力，故形成接口密封（图 4.1）。界面密封材料需要使用可膨胀橡胶圈。纵向预应力钢筋螺杆连接的预制混凝土箱涵如图 4.2所示。

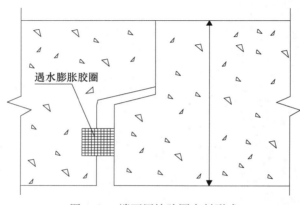

图 4.1 端面压缩胶圈密封形式

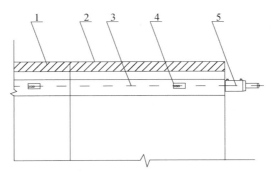

图 4.2 以纵向预应力钢筋螺杆连接的预制混凝土箱涵
1—箱涵 A；2—箱涵 B；3—预应力钢筋；4—锚固螺母；5—张拉油缸

纵向串联可以连接在两个管接头之间，也可以在施工条件允许下连接多个管接头，减少操作步骤，加快施工进度。如图 4.3 所示，当多个部件被预应力张拉时，凹槽需要在管节的端部处保留足够的操作空间。

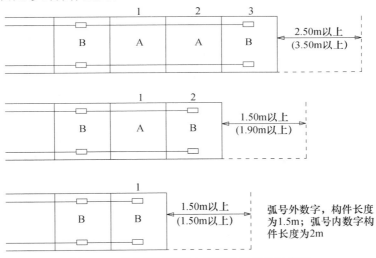

图 4.3 多个预制混凝土箱涵纵向连接示意图

纵向锁定和锚固时在锚固板上有一个孔，可将水泥浆注入肋孔。张拉锚固完成后，将水泥细砂浆从注浆孔注入肋孔，增加预应力、肋条与箱体之间的约束力以及防止纵向钢筋腐蚀。纵向钢筋可通过箱体和涵管插入（图 4.4），前后箱体和涵洞分开连接。

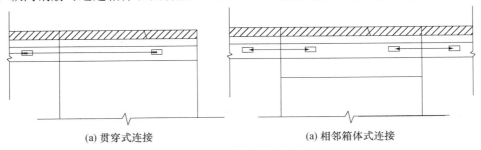

(a) 贯穿式连接 　　　　　　(a) 相邻箱体式连接

图 4.4 纵向串接方式

连接纵向锁定装置——纵向串联连接，使涵管连接成为一个完整的管道。虽然胶圈被用作密封材料，但界面不是一个柔性接口，而是一个刚性接口。因此，当管道基础沉降时，沉降应力发生在管道的一部分。通过式连接，纵向串肋施加的预应力作用于整个箱涵部分，以平衡地基沉降应力，并施加足够的纵向预应力，以避免这些管线破裂。相邻箱体式连接，通过连杆将两个相邻箱体连接起来，并对胶圈施加压力以满足界面密封的要求，但该连接方式不会在箱体内形成预压应力，且无法抵抗沉降强度。当沉降应力较大或纵向收缩位移较大时，箱体可能会破裂（图4.5）。该连接方法应针对管道基础和基础进行设计和计算。

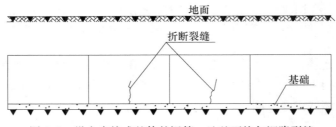

图 4.5　纵向串接成整体的涵管，地基不均匀沉降裂缝

通常，纵向贯穿式连接仅需要对胶圈施加一定的压力，并且纵向预加应力较小。因此，应对管道进行基础分析，以防止管道的不均匀沉降。

纵向串接另外几种方式，大多用于接口有抗渗防漏要求的小型箱涵：

① 搭板连接型，两节箱涵间以钢板连接。

采用钢板搭接（图4.6），可防止箱涵管节间相对位移，保证接口的抗渗性能。其施工方法是：a. 箱涵预制时埋入连接件，在现场管节安装到位后，用钢板焊接或螺栓连接。b. 连接器放置在现场后面，用膨胀螺栓穿孔并用带子连接。连接器可由普通钢或不锈钢制成。

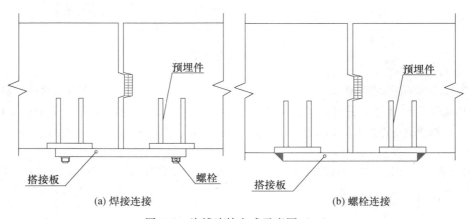

(a) 焊接连接　　　　　　　　　　　(b) 螺栓连接

图 4.6　沟槽连接方式示意图（一）

② 螺栓连接，箱涵两端预留孔，连接支架在安装时插入，并用螺栓连接（图4.7）。

③ 嵌槽螺栓连接，箱涵两端预留嵌槽，安装时插入连接螺栓，以螺栓连接。

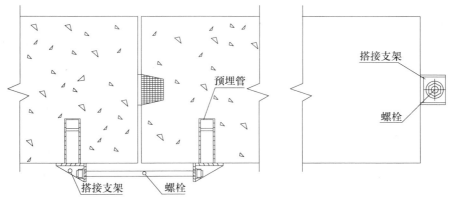

图 4.7 沟槽连接方式示意图（二）

（2）构件间无约束锁紧装置的连接

在没有纵向锁紧装置的管接头之间，依靠承口与插口工作面之间的间隙压缩胶圈密封涵管的接口，称之为"工作面压密封"形式。

部件之间的无约束锁定装置的连接部分被分成刚性接口和柔性接口。接口类型主要包括以下几种：a. 用砂浆或弹性材料密封的小企口接口（图 4.8）；b. 大企口胶圈密封接口，分为带胶圈槽的接口和无胶圈槽接口、单胶圈密封接口和双胶圈密封接口；c. 钢承口接口，与大企口密封接口相同，可分为带胶圈槽的接口和无胶圈槽接口、单胶圈密封接口和双胶圈密封接口。

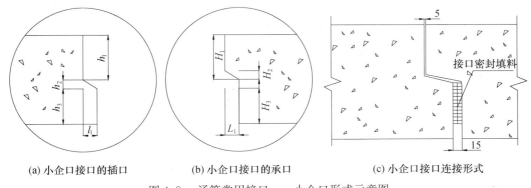

(a) 小企口接口的插口   (b) 小企口接口的承口   (c) 小企口接口连接形式

图 4.8 涌管常用接口——小企口形式示意图

密封胶圈断面形式常用的为楔形胶圈和"O"形胶圈。

（3）构件间有约束锁紧装置接口和构件间无约束锁紧装置接口性能

① 构件间有约束锁紧装置接口优点

a. 涵洞制作简单，不需要制作插座。

b. 端面只需要平行，尺寸精度要求低。

c. 在地基和基础具有足够承载力条件下，涵管不发生沉降，接口胶圈压缩率由纵向压缩筋控制，压缩率在运行期间变化小；管道内刚性管线沉降内力小。

d. 管道整体刚度大，界面无位移和旋转角度。

e. 安装速度快。

② 构件间有约束锁紧装置接口缺点

a. 对管道地基和基础的要求很高。与现浇箱涵相比，现浇箱涵需要安装橡胶止水带作为沉降缝的密封材料，设置距离 15～30m。这可以防止地基沉降时涵管内产生的内部应力。而以构件间有约束锁紧装置接口的管道，沉降缝难以建立。管道运行过程中不可避免地会发生地基沉降，涵洞各部分会产生内应力，在严重的情况下，涵洞将被折断。

通过整个箱涵管的纵向串联连接，钢筋张拉后产生压应力，用于抵抗沉降应力，防止涵洞破坏。采用相邻箱式连接方法的箱涵管道在涵洞中没有预压应力，并且不具备抵抗沉降应力的能力。因此，在管道设计中，必须加强地基和基础的设计；在设计箱形和涵洞结构时，必须计算纵向钢筋。

b. 地基和基础的加固将增加垂直土压力系数，配筋需增加。

c. 不应采用芯模振动工艺成型，纵向钢筋容易在锚箱造成混凝土沉降裂缝。

d. 就纵向连接成整体来说，不适用于顶进法施工。管道很难实现纠偏，并且管道底部也容易悬挂。

e. 在压力箱涵管中，纵向推力大，纵向压缩钢不能承受，且胶圈压缩率也发生变化，因此它不应该用于压力箱涵。

f. 使用遇水膨胀胶圈作为界面密封材料，价格高于普通密封胶圈。

③ 构件之间的无约束锁定装置接口—工作面压缩胶圈密封优点

a. 涵管安装施工简单，不需要预应力操作；节省预应力设备，成本降低。

b. 这种接口与圆形混凝土管道的接口，它是一个柔性的接口，可以适应一定的位移，角度接头不泄漏。

c. 减少对地基和基础的要求，一般可以直接铺设在土壤或砂垫上。

d. 地基基础越软，地面内力越小，涵管承载能力越高。

e. 可用于挖沟施工，也可用于顶管施工。

f. 采用双层胶圈接口，可对每个界面进行抗渗检测，可快速恢复道路通行，同时缩短工期。

g. 可以使用普通的胶圈作为密封材料。

h. 施工速度快。

i. 管线工程成本低。

④ 构件之间的无约束锁定装置接口——工作面压缩胶圈密封缺陷

a. 表面尺寸精度高，并且承插口接口制造难度大；

b. 安装时，涵管安装非常耗时，需要纵向推力（或拉动）设备进行安装。

各构件之间有一个约束的锁紧装置，在一体化管廊内的箱涵上采用工作面压缩式密封圈组合连接。管道安装有上水、中水和加热管。这些管道大部分都由钢制成。为了避免这种管道的纵向应力，需要大型综合管道走廊来限制管道的沉降和其他变形。因此，设计了一种将压缩圈密封方法与工作面纵向串联连接相结合的界面——约束锁定装置与工作面压缩圈密封相结合。该接口可用作工作面压缩式密封圈的密封接口、纵向串联式端面压缩式密封圈的密封接口，还可以形成工作面压缩式密封圈的密封方式和与接口相结合的纵向连接，用于中间涵洞的新界面。这种接口箱涵，在其角部位置预留了通道的纵向连接筋和锚孔，将管道的结构分为纵向连接筋和张拉锚固，约束和锁定整个涵洞。

4.1.2 预制管廊与现浇管廊接口构造

整浇式节点是在节点区利用现场后浇混凝土，将预制梁和柱等节点连接成为整体框架节点的一种连接构造，这种节点具有外观平整、制作和安装方便、构件整体性能好等特点。

现浇接口不足之处在于浇筑节点期间，钢筋处浇筑较难振捣密实，此时应设置模板，节点也不应施加力，养护时间及措施应得以保证，且焊接工作要充分进行。需要注意的是使用钢筋接驳器或焊接处理构件间的预留主筋；分布筋与主筋垂直设置，采取绑扎或点焊对整体性加以提高。地下管廊现浇装配式接口需保证止水性、耐久性、防火性和抗机械损伤的性能好，且方便施工。

4.1.3 接缝材料

4.1.3.1 预制构件接缝处理

目前，装配式中的节点连接通常分为两种方式，即干连接和湿连接。采用干式连接时，其承载力和刚度与现浇结构相似，但延性和恢复能力差异很大，不能等同于现浇结构。在湿式连接的情况下，当预制的方形构件的接头连接或锚定有钢筋时，节点区通常采用后浇混凝土将预制构件结合成整体的办法，这种连接方式可以保证其强度和延性都在可控制范围内，其连接性能较为可靠，总体看来是可以与现浇混凝土节点媲美的。其示意如图 4.9 所示。

图 4.9 预制构件接缝局部示意图

4.1.3.2　预制构件接缝材料的要求

在《装配式混凝土结构技术规程》[1]中：在装配整体式的预制构件时，最后浇筑节点时通常采用无收缩性且快硬的普通硅酸盐水泥，强度等级要高一级，且不应低于 30MPa。现浇连接带部分混凝土应采用比预制部分混凝土强度等级高一级的低收缩混凝土浇筑，且强度等级不应低于 C35。

在现有的标准规范中，只关注了强度和体积变形两个方面，但是在实际工程中实现早期强化和低变形已经不是难事，主要关注是在装配式结构上的整体性、耐久性、连续性方面存在缺陷。这些性能主要保证现浇混凝土和预制组件的稳定结合。当承受和传输载荷并抵抗变形时，必须显示出一致性和平衡性。它们涉及诸如与弹性模量、拉伸强度和黏合强度等特性的匹配程度。另外，密集的钢筋也会使浇筑混凝土变得困难，使构件在使用过程中出现破坏。

所以在判定接缝材料的优劣性能时，除了材料本身的性能以外，还应该将其置身于整个节点结构中，然后优化各种使用性能，使其更加完善[2-3]。

4.1.3.3　预制构件接缝材料现状

如今装配式构件在接缝材料方面主要有以下两个思路，在工程的施工过程中主要采用了混凝土材料还有改性的水泥基材料等，在工程上通常使用的是硫铝酸盐水泥和铝酸盐水泥这些具有特殊性质的水泥，或者还可以采取具有早强性质的水泥。在调配水泥时，我们通常在水泥里掺加减水剂和矿物材料等多种外加剂，加入这些材料可以有效地保证早强水泥的安全性和耐久性。为了保证早强水泥的施工性能，要采用多种接缝材料进行试验配合，要让水灰比降到 0.28 以下，流动性也要达到 16s，其早强水泥的强度也要超过40MPa。由于掺入多种外加剂，其性质往往会产生改变，最主要的因素就是混凝土的收缩控制效果达不到预期标准，这是因为在比较低的水灰比情况下，由于胶凝材料本身的性质会导致其在干燥的环境中产生较大收缩。在管廊施工过程中，通常要采取规模化的预制方涵的拼接和安装，此时不应该采用具有特殊性质的特种水泥，因为特种水泥的性质往往不能控制，它们会因环境的影响难以把控，用来做接缝材料往往会有很大的变数，因此不适合。最后我们还要避免胶凝材料，因为总量过大易导致温度裂缝，在国内外已经有不少学者通过试验和实际工程的比较，大多数认为在混凝土预制构件的养护过程中可以有效解决裂缝问题，但是这种操作往往十分复杂，而且会拖延工期造成成本上涨[4]。

在国内外的研究领域中，有一个问题往往十分难以解决，那就是通常所说的接缝材料怎么才能在施工过程中有效地控制收缩。笔者结合国内外资料，通过实际勘察，发现一种新的无收缩型混凝土，这种混凝土是由冶金工业部通过大量的试验以及各种工程依托而成功配制而成的。中国建筑材料研究总院认为这种在干燥环境下收缩落差甚至无落差的混凝土，再结合现在的技术，辅助一定的外加剂，基本上可以大幅度解决这个问题。在管廊施工过程中，采用这种无收缩型的混凝土构件和那些采用装配式的预制构件往往是不相同的，因为接缝材料在装配式构件装配之前，往往就已经完成了收缩进程，这种构件可以视为刚性构件，这样说来工程中的接缝材料就处于三种不同力的约束状态，其接缝材料在两端以及内部的钢筋共同作用下，其收缩行为会变得越来越复杂，在实际工程中采用传统的测试混凝土的方法往往达不到预期效果，或者可以说是偏差较大，通常所测量的收缩值往往不能反映接缝材料的真实状况，在工程实际中，大量的实地测量以及试验数据，可以发现在实际过程中收缩材料要比试验过程中的收缩值更大。更为重要的一点是，通常我们所使用的水泥混凝土是一种刚性材料，其本身独特的性质导致其自身缺乏一定的韧性和黏结强度，这种水泥混凝土既不能有效地吸收和释放外界应力，也无法满足其接缝材料在热胀冷缩等外界环境影响下的变形收缩要求，所以越来越多的研究单位试图采用改性技术，期待研究出新型水泥混凝土，保证工程的完美施工。

在使用接缝材料时，大多是使用传统的 108 胶水加水泥砂浆或者是石膏粉加 108 胶水，然后在板间使用纤维网格布、牛皮纸、尼龙带等材料作为加强黏结。虽然这种方法可以使接缝材料性能得到一定程度的提高，但是其本身的高度大一级耐温性较差，仍有不能适应板材吸水性强、高收缩等缺点[5]。

在同济大学做研究的王培明、王茹等人对水泥砂浆进行改性，采用了在水泥砂浆中加入丁苯乳胶这种化学物质，最终使水泥砂浆的抗渗性、抗拉强度、保水性、黏结强度得到了显著提高，但是这种丁苯乳胶的化学稳定性还需要深入探讨。[6]高建明等学者对水泥砂浆进行了改性，用硅灰填充了水泥砂浆，并进行了硅灰在水中的二次反应，使水泥砂浆的孔隙率降低、抗渗性提高，制成的砂浆抗拉强度和黏结强度大大提高。

4.2 城市预制拼装式地下管廊支护

4.2.1 预制拼装式地下管廊支护工程设计要求

作为一种结构体系，基坑支护应满足稳定性和变形的要求，即承载能力的极限状态和正常使用极限状态。所谓承载能力极限状态，对基坑支护来说就是在支护过程中支护结构遭到破坏，支护结构甚至倾倒，以及支护工程对周边环境肆意的破坏，造成广泛的不稳定性。在一般设计要求中，安全支撑结构不允许这种极限状态。正常使用的极限状态意味着支撑结构的变形太大或者由于周围土壤的挖掘而影响正常使用，但不会导致结构不稳定。

因此，基坑支护的设计为了不会引起支护的不稳定，相对于承载力极限状态要有足够的安全系数。在不影响周围建筑物安全使用的情况下，应该控制位移以避免建筑物出现结构失稳的情况。因而，作为设计的计算理论，不仅要考虑支撑结构的稳定性问题，还应计算支撑结构的变形，根据周围环境条件，将变形控制在一定范围内。

一般支撑结构的位移控制主要是水平位移，因为水平位移更直观，便于监测。基坑的安全等级根据不同周围环境的水平位移来划分。一级基坑的位移要求是：如果要保护的基坑周围有更重要的结构，则应控制小变形；三级基坑的位移是指基坑相对空洞且没有要被保护的结构，此时位移可以更大。从理论上讲，只需确保稳定性；二级基坑的位移需要在一级和三级之间。

为了施工的安全，一级基坑的最大水平位移一般控制在不超过 30mm。对于一般基坑，最大水平位移应控制在 50mm 以内。当地基最大水平位移在 30mm 以内时，没有明显裂缝，但最大水平位移为 40~50mm 时，会出现可见的地面裂缝。因此，一般基坑的最大水平位移应控制在不超过 50mm，否则会产生更明显的地面裂缝，沉降物会对建筑物的安全使用产生影响。通常选择支撑结构相对刚性，如挡土墙、连续墙和内部支撑系统，位移可控制在 30mm 以内。

基坑支撑是一种特殊的结构，有很多的功能。根据具体工程地质条件，以及具体的施工技术，选择一个经济适用的支撑结构。

以日照山钢城市地下管廊电缆隧道工程为例，城市预制动力管廊开挖应采用挖掘机进行，车辆外运。基坑坡度不得大于 1：1，基坑深度不得超过 2.5m。如果基坑深度大于2.5 米，则根据设计要求喷射混凝土以保护基坑的坡度。城市预制动力管廊走廊采用盲沟式排水，集水坑设置在 20～30m 的范围内，并从基坑抽出。底部垫层比沟槽底部低 2cm，以确保沟槽组装和悬挂。城市预制动力管廊的临时支撑采用 C20 钢筋混凝土条形基础。条形基础铺设在地板的两侧，横截面尺寸为 75mm×30cm。当条形基础混凝土的强度达到设计强度时，上面安放临时螺旋千斤顶支撑管廊，预制方涵构件节段永久预应力张拉压浆后拆除千斤顶，用 C15 混凝土封堵两千斤顶安放位置。

4.2.2 预制拼装式地下管廊支护工程特点

（1）基坑支护工程是一个临时工程[7]。其安全储备的设计可以相对较小，但也应与该地区自身条件有关。不同的地区有不同的地质条件。基坑支护工程是岩土工程、结构工程和施工技术的交叉学科。它是一个具有各种复杂因素相互作用的系统工程，是一门综合性的技术学科，需要在理论上大力发展[8]。

（2）基坑工程施工是施工的关键节点，由于技术复杂，涉及范围广泛等因素，事故频繁，是建筑工程施工面临的最困难的挑战，降低建设成本、保证工程质量的关键环节。

（3）基坑支护工程在大深度、大面积上不断发展，有的长度和宽度大于 100m，深度大于 20m。

（4）土壤的性质、地基条件和地质水文条件复杂，呈现异质性，增加了基坑工程的设计和施工的难度。

（5）在软土基坑开挖、高水位等复杂条件下，很容易产生土体滑移、基坑位移、桩的变形、冻胀、挡土结构损坏等现象，土传病害、水泄漏等危害会对周围的建筑物、地下结构和管线的安全造成威胁。

（6）工程实践证明，做好基坑工程，必须包括整个过程的全开挖，包括勘测、设计、施工和监测工作，强调要做好各项工作。

（7）随着旧城改造的推进，高层和超高层建筑的过度集中造成人口密集大、交通拥挤，导致基坑支护工程的施工条件很差。在边坡上不能开挖永久性建筑物和市政公用设施，基坑稳定性和位移控制要严格。

（8）基坑支护工程包括基坑支护、边坡支护、防水、降水、开挖等多个紧密联系的环节。其中一个环节失败，将导致整个项目的失败。

（9）相邻基坑的施工，如打桩、降水、开挖等施工环节将相互影响和制约，增加事故诱发因素。

（10）支护工程设计应包括围护结构选择、支护体系承载力验算、土体变形稳定性验算、降水内外空间设置、开挖要求、监测内容等要求。应注意避免"工况"计算的内容可能"漏项",导致基坑的破坏。在施工过程中,特别是软土地区的施工中,应合理安排开挖与支护工程,认真开挖,将大大减少基坑变形和基坑事故。

(11)基坑支护项目成本较高,但这是一个临时项目,一般不愿意投入更多资金。但是,如果发生事故,处理起来非常困难,经济和社会影响往往非常严重。

(12)基坑施工周期长。从开挖到完成地下所有隐蔽工程,往往需要经历多次降雨、周边荷载变化、振动、施工不当等诸多不利条件,诱发意外事故。

4.2.3　预制拼装式地下管廊支护形式

基坑支护及开挖施工是实施综合管廊项目的第一步,基坑支护结构的设计影响到管廊结构施工的安全性和进度,也与工程整体造价有较大关联。综合管廊从整体考虑属于线性结构,一条管廊可能穿过马路、绿化带、人行道等不同的荷载区间,周边环境复杂,基底埋深一般都大于 5.5m,基坑体稳定是必须解决的大课题,据各地区不同的地质条件及各管廊不同的周边环境,管廊工程中常用的基坑支护方法有放坡开挖法、钢板桩支护法、土钉墙及复合土钉墙支护法、型钢水泥土搅拌桩支护法(SMW 法)、排桩支护法等[9]。

4.2.3.1　放坡开挖法

放坡开挖法是指在管廊基坑开挖过程中,采用任何支挡性结构及支撑,用一定角度放坡开挖土体的基坑施工方法。采用此方法时,要按照土体性能进行单级或多级放坡,适用于作业面较大,挖土方量较多,用于新规划区域管廊建设或管廊周边环境简单,建(构)筑物有一定距离的情况。

4.2.3.2　钢板桩支护法

拉森钢板桩支挡式结构可以挡土并截水,达到稳定基坑侧壁的目的。拉森钢板桩支护具有强度高、质量轻、施工方便、环保并且可回收利用的优点。常用的钢板桩尺寸为 6m、9m、12m、15m,也可据实际基坑支护深度需要而加工定制。钢板桩支护适用于淤泥质土、淤泥质黏土、粉质黏土等柔软地基及地下水位较高的地区。由于钢板桩的侧向刚度有限,挖后变形较大,宜用于较深的基坑中,常需在顶部设置一道支撑或拉锚。

4.2.3.3　土钉墙支护法

土钉墙支护是指通过钻孔、插筋、注浆或直接打入钢管、角钢等型钢,钢筋、毛竹、圆木等形成土钉,钉与原状土体共同作用。与被动的支挡式结构不同,是起主动嵌固作用,通过加强土体,增加基坑侧壁的稳定性,保证开挖过程的安全性。近些年,在土钉墙支护的实际工程中逐渐认识到,土钉墙有其固有的缺陷,在某些场合运用,要与其他支挡式结构一起发挥作用,因此出现了复合土钉墙支护方式。在土钉墙基础上,根据工程实际情况和三轴搅拌桩、高压旋喷桩、微型钢管桩等多种支护形式结合,形成复合的基坑支护结构,而弥补了土钉墙的缺陷及使用范围的限制,有成本低、安全可靠性高、柔性大、抗震性和延性良好等特点,广泛应用于工程实践中。

4.2.3.4　型钢水泥土搅拌桩支护法

型钢水泥土搅拌桩也称为 SMW 施工方法,是指通过将型钢插入连续三轴水泥土搅拌桩并具有截水功能而形成的复合土壤保持结构。搅拌桩机是在原始地层中切割土壤，同时将水泥浆低压注入钻机前部，形成高性能水泥土桩挡土墙，在水泥浆硬化之前插入型钢的基坑支撑方法。SMW 工法是在水泥土搅拌桩施工技术的基础上发展而来的，这种结构具有成本较低、施工周期短、止水性能好、对周边环境影响较小等优点。SMW 工法桩支护结构在基坑回填后，将深层搅拌桩内的 H 型钢拔出，而起到回收和循环利用的目的。因此，与传统的围护结构相比，不但施工周期短、施工过程无污染、地面洁净、噪声低，而且可以节约社会资源，围护结构遗留在地下。

4.2.3.5　排桩支护法

排桩支护是指利用常规的各种桩体，如钻孔灌注桩、挖方桩、预制桩、混合桩等，据地下挡土结构需要，以一定间距或连续咬合排列。排桩支护一般适用于深度为 6～10m 的基坑支护，近年来也适用于基坑深度在 20m 以内的支护。地下水位对排桩的排列有很大影响。为了达到止水的目的，采用分离式、交错式、排列式布桩以及双排桩时，要另行设置止水帷幕，设置咬合型止水、分离式止水、双排隔水帷幕等形式。这是排桩支护的一个重要特征，这种情况下，水帷幕止水效果直接影响基坑工程的成败，必须严肃且认真对待。

4.2.3.6　地下连续墙支护

地下连续墙是在地下采用一种挖掘机械，沿深基坑外轮廓线开挖，在拥有泥浆护壁的情况下，出一条长狭槽沟后，放钢筋笼，后用导管的方法在水下施工混凝土并浇筑成单体槽，按分段浇筑，最终在地下形成一整片钢筋混凝土墙体，具止水、防渗、承重、挡土的作用。近年来，国内外越来越多地运用支挡式结构与主体结构组合设计的方法，在基坑开挖过程中将地下连续墙作为支护结构，地下室建成后将地下连续墙作为主体结构，承受相应的荷载，这种做法在工程上称为"两墙合一"。目前，地下连续墙结构的施工主要有墙式、T 型和 Π 型地下连续墙、格栅地下连续墙，有应力或无预应力的 U 型折叠地下连续墙等几种形式。在基坑开挖及支护过程中，地下连续墙不仅是侧向水土压力的承压结构，且具有止水的效果。因此，下连续墙嵌入的深度必须考虑到挡土和止水的要求。作为挡土结构，下连续墙的嵌入深度要满足稳定性和强度要求，为止水帷幕，下连续墙的嵌入深度要根据地下水的控制要求来确定。

4.3　城市预制拼装式地下管廊拼装工艺

4.3.1　首节段连接形式

第一部分作为整个孔组件的参考部分，对于控制整个孔组件的轴线和高程非常重要。特别是当长廊的纵向坡度较大时，如果第一段不正确的高程控制可能导致后续管廊的地板离垫太远，则组装顺序将从低到高执行，或者小到无法继续组装[10-11]。在中间部分，预制过程中在顶板的四个角落嵌入四个高程控制点。中轴线上嵌入两个轴控制点，定位后，顶板的六个控制点用于定位轴，当轴和高度不符合设计要求时，需要临时重新利千斤顶微调直到它们被准确定位。螺旋机械千斤顶的位置从螺旋机械千斤顶的中部到中部 1.25m。螺旋千斤顶的中心距离为 2.5m（距中部 0.15m）。在精确定位时，为防止第一段在后续组装过程中被撞倒和偏移，中间段固定在后部，第一水平段和第一水平段垂直和水平焊接有四个直通道，然后使用通道钢支架。两段用垂直槽钢焊接固定；当第一部分未与中间部分固定时，中间（或其他重物）暂时悬挂在后面，然后与第一部分后面的中间部分固定。

4.3.2 节段试拼

中间段拼装采用相应起吊能力的龙门吊机，每节中间段顶板在预制时预留 4 个 $\phi50$mm 吊孔，方便 $\phi32$mm 精轧螺纹钢穿过，起吊后天车缓缓从运输便道一侧滑向中间，待中间段高度降至与前面已拼节段相同高度时，龙门吊机慢慢往前靠拢。为防止中间段摆动碰伤已拼中间段，在已拼中间段端面放置方木。中间段稳定后，通过吊具的三向调整功能对起吊中间段进行调整，使其与已拼中间段基本匹配。龙门吊后退，取走方木后进行中间段试拼装，缓缓驱动龙门吊往已拼中间段靠拢，基本到位后观察预制端面剪力键是否匹配，并通过吊具和倒链葫芦上下、前后调整，尽量消除存在的偏差。节段试拼的目的是确定在中间位置预先组装好中间段，防止因起重机操作、具体操作人员不熟悉程序或经验不足或相互配合欠妥，使中间段在较长时间内还不能精确就位[12]。

4.3.3 节段胶接施工

涂胶是预制方涵构件节段拼装施工工艺中的一道重要工序，胶体材料质量和搅拌、涂刷工艺直接影响到预制方涵构件的施工质量，拼接缝是防水的薄弱地方，预制方涵构件覆土后地下水位上升极易渗入预制方涵构件内部而影响使用。节段之间黏结胶体采用双组分环氧树脂，环氧树脂不应含有腐蚀预应力筋、钢筋和混凝土的成分。

（1）准备工作

在正式施工和作业之前，必须做好各项准备工作。为了保证黏结质量，应清理干净预制中间端面的混凝土、污物、油渍等。同时应准备防雨和防晒措施，冬期施工时还要注意防冻措施[13]。涂胶前，在预应力孔道周围用单面胶粘贴，孔道周边不涂胶，同时也防止节段张拉时胶体被挤进孔道而影响穿索。

（2）胶体搅拌

搅拌过程应尽可能靠近涂刷黏结剂的地方，避免浪费时间和运输过程中消耗时间。胶体共有两个组分，一个是 A 组分，其主要原料为环氧树脂；另一个是 B 组分，其主要原料为固化剂。在搅拌之前取两个同样大小的容器，把 A、B 组分分别放入其中进行预搅拌，搅拌时间为 2min，然后在 A 组分中加入 B 组分后继续搅拌 1min 直至搅拌均匀。搅拌采用转速为 400rad/min 手持式电动钻上下来回旋转搅拌。为防止混合物搅拌过程中带入的空气而产生过多的摩擦热，应控制搅拌的速度。对于容器底部和四周等不易被搅拌到的地方，要仔细进行搅拌，使胶体充分混合。

（3）涂胶作业

为了确保通过环氧胶的作用将各段紧密连接起来，中间部分的两个连接面在施加胶水之前进行检查和清洁。胶合速度应根据温度和工人的操作时间来确定。不要暴露在空气中太久而失去黏结性[14]。测试应在第一次黏结之前进行，以确定合理的时间参数。胶合时，建议使用双面胶。黏结的厚度应保持在约 1.6mm。同时要控制涂胶的厚度尽量均匀，为防止预留孔道中可能出现的胶体流入，预应力孔道和截面边缘的 20mm 范围内不建议涂胶；为了减小不必要的误差，凹槽剪力键处也不建议进行涂胶作业。考虑到环氧胶活性很难持续较长时间，要求进行涂胶作业的人员涂抹胶体时尽量快速完成，而后通过刮尺检查涂胶质量，由于是人工进行作业，有误差在所难免，对厚度不足的进行填补，厚度过大的就要刮去。涂抹胶体时控制好预应力管道四围涂胶的质量，为之后的压浆做好准备[15]。

（4）临时预应力施工

每拼完一节段需施加临时预应力，把各节段临时固定而不至于接缝之间错动，同时为保证胶体的挤出效应最佳，临时预应力张拉时必须同步进行，压力表的读数上升需保持基本一致[16]。在临时预应力筋张拉结束后，清除干净顶板、底板和侧壁接缝处挤出的环氧胶，以免污染方涵表面混凝土，并用波纹管清理器对预应力管道进行清理，避免堵塞预应力管道[17]。

（5）注意事项。

① 环氧黏结剂涂抹过程中要注意自身的安全防护。

② 在涂刷黏结剂之前，保持黏结面保持清洁。

③ 涂胶之前要先试拼装以检查接缝大小是否一致，对于接缝偏大的地方环氧胶要抹厚一些。

④ 环氧胶保存时要避免阳光直射。

⑤ 保护好临时预应力装置（严禁在其旁边进行焊接作业削弱临时预应力装置的抗拉能力），且要经常检查，发现问题应及时更换或处理。

城市预制电力管廊现浇段施工完成两段以上预制方涵构件后，即可开始各段之间的后浇带施工，工序包括钢筋绑扎、侧壁侧模安装、顶板模板安装、橡胶止水带安装、混凝浇筑等[18]。现浇段采用 C40 微膨胀防水混凝土，混凝土直接由泵车泵送入仓，泵送过程中应控制泵管高度，防止混凝土离析而影响强度，拆模后洒水覆盖养护。为适应各孔跨水平伸缩变形和竖向的沉降不均匀，用带钢边止水带在后浇带设置 30mm 宽变形缝，变形缝四周边缘用双组分聚硫密封膏封闭成环，里面用聚乙烯发泡填缝板，阻止地下水渗入管廊，通过后浇带施工使各综合管廊体系连续。

参考文献

［1］JGJ 1—2014. 装配式混凝土结构技术规程（附条文说明）［S］. 2014.

［2］DB11/T 1447—2017. 建筑预制构件接缝防水施工技术规程［S］. 2017.

［3］《建筑施工手册》第五版编委会，编写. 建筑施工手册［M］. 中国建筑工业出版社，2013.

［4］陈国福，宋开伟. 装配式建筑预制构件接缝材料研究进展［J］. 重庆建筑，2014，13（07）：49-51.

［5］施罗德. 地下管廊明挖施工：常用的几种基坑围护型式［EB/OL］.

［6］杜红旺. 基坑支护的类型与选择［J］. 科技风，2015（11）：56-56.

［7］任东亚. 软弱土地基基坑开挖与支护的有限元分析［D］. 西南交通大学，2009.

［8］代成立. 市政综合管廊施工问题及其应对措施探析［J］. 建材与装饰. 2017（48）.

［9］梅秀道，李亚民，李志．预制节段逐跨拼装架设施工吊挂系统受力分析［J］．桥梁建设，2013，43（01）：42-46．

［10］陈礼忠，陈钰晶，章志．节段预制、悬臂拼装工艺在工程中的综合运用［J］．世界桥梁，2009（S1）：59-63．

［11］卢昌岁，武静．管廊穿管 V 型穿管器的研究［A］．中国建筑学会建筑施工分会、中国工程机械工业协会施工机械化分会 2014 年会论文集［C］．2014．

［12］胡咏祥．城市综合管廊设计重点及实例应用探究［J］．建设科技．2016（08）．

［13］周健民．综合管廊变形缝接头的设计形式及适用性分析［J］．特种结构．2016（02）．

［14］揭海荣．城市综合管廊预制拼装施工技术［J］．低温建筑技术．2016（03）．

［15］杨琨．浅谈城市综合管廊的设计［J］．城市道桥与防洪．2013（05）．

［16］曹生龙．开发研制用于市政综合管廊的新型混凝土涵管——为建设"美丽中国"助力［J］．混凝土与水泥制品．2013（04）．

［17］刘海歌．明挖现浇法与预制拼装法在综合管廊施工中的方案比选［A］．《工业建筑》2017 年增刊Ⅲ［C］．2017．

［18］印红云．浅谈城市地下综合管廊天然气管道舱的供配电系统设计［A］．中国计量协会冶金分会 2016 年会论文集［C］．2016．

5 城市预制拼装式地下管廊预应力筋张拉技术

5.1 预应力筋张拉类型及目的

为应对结构自身受到的自重及风、雪、地震等外部荷载[1]，可预先对构件施加拉力，使其承受拉应力，进而产生可控变形来实现预应力张拉。在进行预应力筋的张拉施工作业时，通常会用到锚板、夹片、钢绞线、千斤顶等设备及材料。

构件承受外力前，对受拉构件中的钢绞线预加一个应力，可以改善构件性能，延缓裂缝的出现时间，提高其耐久性。换个角度来看，预应力张拉使其预先产生应力，由此改善构件刚度等一系列特性，提高其抗性。

5.1.1 预应力筋张拉目的

在锚索施工前，按照设计要求进行锚索试验即抗拉拔破坏试验。试验的目的在于：
（1）确定预制方涵锚索的极限承载力和安全系数。
（2）揭示锚索锚固力在地层条件下所受的影响以及影响程度变化。
（3）检验锚索工程的施工工艺。
（4）校核设计参数，为预制方涵的连接设计提供有关参数，确保预制方涵连接过程的安全、经济、合理。

5.1.2 预应力筋张拉类型

5.1.2.1 先张法

先张法一般是指预先张拉钢筋而后再进行混凝土浇筑作业的制作方法，其可以防止钢筋混凝土构件出现早期危险裂缝，同时能够明显改善构件的抗裂性能[2]，是当前工程实践中广泛采用的一种改善钢筋混凝土构件性能的方法。

先张法主要适用于中小型预制构件，其主要施工工艺如下：首先对预应力筋进行张拉作业，并将其锚固于钢模或台座上，而后进行混凝土的浇筑作业[3]，直到混凝土强度大于等于强度设计值的75％且混凝土与预应力筋之间黏结紧密时，就可以放松预应力筋，通过其与混凝土之间的粘结以改善钢筋混凝土构件的性能。当前先张法生产构件主要有两种方法，一种是采用长线台座法，通常选用的台座长度为 50～150m，另一种是在钢模中采用机组流水法生产构件。

（1）先张法优点：适用于生产中小型预制构件，应用先张法进行施工作业时，预应力筋不需要专门的特制锚具来进行固定，可通过与混凝土之间的黏结力自锚，加工作业时应用到的临时锚具可多次重复利用，经济合理[4]，生产的预制构件质量稳定。

（2）先张法缺点：在应用先张法进行预制构件的生产时，需要大量的固定设备，如钢模具、构件养护设备、台座等，前期投入较大；另外，由于预应力筋的布设通常为直线形布设，当有曲线布置需求时较困难[5]。

5.1.2.2　后张法

先浇筑混凝土，而后当混凝土强度达到其设计值的 75% 以上后，对预应力筋进行张拉，从而制成预应力混凝土构件的方法一般被称作是后张法[6]。

应用后张法制备预应力钢筋混凝土构件时，主要施工工艺如下：首先进行混凝土的浇筑作业，同时在构件内部为预应力筋预留出孔道，当混凝土的强度达到或超过混凝土设计强度标准值的 75% 以后[7]，把预应力筋穿入混凝土构件内部的预留孔道，同时进行张拉作业，张拉作业完成后利用锚具进行锚固，通过构件端部的锚具将预应力筋的预张拉力传递给混凝土以产生预压应力，之后利用水泥浆封堵孔道，使几个预应力混凝土构件成为一个整体。

（1）后张法优点：适用于施工现场大型预应力混凝土构件的生产，与先张法相比，后张法不需台座等固定设备，不受地点限制。

（2）后张法缺点：与先张法相比工序较多，工艺较复杂，同时由于锚具不能重复利用，因而不够经济。

5.1.2.3　先张法与后张法的区别

先张法与后张法只是在施工手段上有区别，而力学性质并无明显区别。

先张法主要适用于中小型预制构件，后张法适用于大型预应力构件。先张法与后张法之间的主要差别在于，采用先张法时预应力通过预应力筋与混凝土之间黏结力来进行传递，而采用后张法时预应力完全通过端头锚具来进行传递。

若不考虑摩擦，则在采用后张法时，可以认为沿着预应力筋长度方向上应力都是相等的，单一截面上混凝土与预应力筋之间不存在应变协调关系，截面混凝土开裂后预应力筋无法约束混凝土从而使裂缝疏而宽，因此需要在构件内部设置部分非预应力筋以应对这种情况。

钢筋混凝土构件产生裂缝的容易程度与构件的制作方法之间没有必然的联系，而主要与施加的预应力的大小有关。如果进行一个比较，在施加的预应力相同的条件下，由于采用先张法混凝土可以进行弹性回缩，因而后张法的应力损失较小。

从施工工艺角度来看，在预留孔道的基础上先进行混凝土浇筑，而后再穿入钢绞线张拉，锚固后封堵，这是后张法；而先张法则是指首先张拉预应力筋，借助锚具（包括锚环和夹片，主要作用在于锚固预应力筋）将预应力筋锚固于台座上，之后待浇筑混凝土达到设计强度标准值的 75% 或以上时卸除锚具的作业方法。

5.2　施工前准备

5.2.1　设备配置

在施加预应力值时需要使用一种设备,即预应力锚索张拉设备,根据结构的不同施加不同的预应力数值。其中主要的设备有千斤顶和电动油泵,这两者需要配合使用,缺一不可,在工作时需要把锚固时的钢绞线或者钢筋锚固住,通过设定数值来施加预应力值。

预应力锚索张拉设备主要分为以下几类:

(1)初始预应力值所用的张拉设备

① 前卡式穿心千斤顶 QYC270。

② 张拉电动油泵 ZB2×2/50。

(2)施加预应力值所用的张拉设备

① 穿心式千斤顶 YDC650。

② 顶推式千斤顶 YDD1500。

③ 电动油泵 ZB2×2/50。

(3)灌浆封锚所用的张拉设备

① 真空泵 MV80。

② 压浆泵 HB3。

③ 灰浆搅拌机 JB180。

具体机械机具的型号要根据具体工程项目的具体要求来配置,以日照电缆管廊隧道为例,采取表 5.1 所示型号机具,示意如图 5.1 所示。

表 5.1　施工机械、机具计划数量表

序号	名称	规格/型号	数量
1	千斤顶	YDC1000	1台
2	高压电动油泵	YBZ 2×2/40	1台
3	配套油表	0～60MPa	1块

图 5.1　张拉电动油泵

5.2.2　材料准备

预应力钢绞线：通常使用直径为 14.2mm、抗拉强度标准值为 $f_{pk}=1860MPa$ 的钢绞线，其中的力学指标符合《预应力混凝土用钢绞线》GB/T 5224—2014 的规定。张拉用钢绞线如图 5.2 所示。

图 5.2　张拉用钢绞线

锚具：采用 M14-2 锚具及其配套的配件在横梁处的钢束，在预应力管道通常采用圆形的塑料波纹管。

5.2.3　钢绞线试验

施工过程中使用的钢绞线、锚具及其夹片均需要使用正规厂家的产品，不能使用三无产品，且必须要有质量合格的证书才可以使用。尤其是钢绞线需要送交有关部门检测，对于质量不好或者把控不过关的钢绞线一概不用。

试验要求：

（1）试验设备的准确度

试验机应按照《静力单轴试验机的检验 第一部分：拉力和（或）压力实验机测力系统的检验与校准》GB/T 16825.1—2008 要求，定期进行校准，并应为 1 级或优于 1 级准确度。

试验机上、下工作台之间的距离测量应用精度不小于 0.1mm 的长度测量尺或游标卡尺。

（2）试验速率

测定规定非比例延伸力时，应力速率应在 6～60（N/mm²）·s⁻¹ 范围内，测定抗拉强度时，应变速率不应超过 0.008m/s。

（3）最大力

整根钢绞线的最大力试验按《金属材料拉伸试验方法》GB/T 228 的规定进行。如试样在夹头内和距钳口 2 倍钢绞线公称直径内断裂达不到本标准性能要求时，试验无效。计算抗拉强度时取钢绞线的参考截面积值。

（4）最大力总伸长率

最大力总伸长率 Agt 的测定按《金属材料拉伸试验》GB/T 228 规定进行。使用计算机采集数据或使用电子拉伸设备测量伸长率时，试样由于预应力的作用而产生的伸长率应该算在总伸长内。测定钢绞线伸长率时，1×7 结构钢绞线的标距不小于 500mm；1×2 和 1×3 结构钢绞线的标距不小于 400mm。

在测定总伸长率为 1‰ 时的负荷后，卸下引伸计，标明试验机上下工作台之间的距离 L1，然后继续加荷直到钢绞线的一根或几根钢丝破坏，此时标明上下工作台的最终距离 L2，L2-L1 的值与 L1 比值的百分数，加上引伸计测得的 1.0% 即为钢绞线的伸长率。

在施工过程中，如果发现任何一根钢丝在破坏之前所使用的钢绞线伸长率已经达到了规定的要求，此时可以不继续测量。如果是因为夹具的原因造成钢绞线的断裂，那么此次试验的数据是无效的。

（5）测定结果数值修约

最大力除以试验钢绞线参考截面积得到抗拉强度，数值修约间隔为 $10N/mm^2$；

最大力总伸长率 Agt 数值修约间隔为 0.5%。

5.2.4 张拉准备工作

（1）在做技术交底工作时，需要考虑到预应力张拉前后的构件性能变化，在施工现场必须使用培训合格的操作人员，尤其要具备张拉、预应力施工等各种操作知识的技术人员[8]。

（2）在施工时，现场还需要配备安全操作人员，保证人员和设备安全。

（3）在张拉试验时，钢绞线的轴线和千斤顶的张拉作用线要共线。

（4）在进行预应力钢绞线张拉作业前需要对千斤顶等施工设备进行检查，保证能够正常运转，要使设备在规定的时间内使用。其使用顺序是：安装锚环、限位板、千斤顶、工具锚及夹片，连接液压系统。在对锚环锚垫板等设备部件进行安装时，要做到部件与部件之间的接触密实，同时张拉作业时要使预应力筋的轴线与千斤顶轴线共线。

（5）为使钢绞线完全平直，需要在张拉作业前取 10%～20% 的设计张拉荷载对锚索进行预张拉。根据设计的不同采用差异分步张拉法，根据计算的差异要使用分单元的张拉方法。

5.3 预应力筋张拉流程及注意事项

5.3.1 张拉工艺流程

城市预制拼装式地下管廊预应力筋张拉技术的工艺流程如图 5.3 所示。

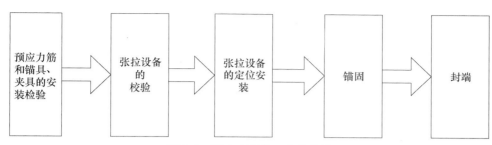

图 5.3 预应力张拉工艺流程图

5.3.1.1 预应力筋和锚具、夹具的安装检验

统一预应力筋用锚具、夹具和连接器检测方法，提高各检测单位检测精度，以国家标准《预应力筋用锚具、夹具和连接器》GB/T 14370—2015 为依据确定预应力筋张拉作业中使用到的锚具、夹具和连接器的检测标准。

具体检验要求如表 5.2 和表 5.3 所示：

表 5.2 预应力筋检验要求

检验项目		全项检验项目及频次		抽检项目及频次		质量要求
		项目	频次	项目	频次	
预应力筋	抗拉强度	√	任何新选厂家	√	同牌号、同炉罐号、同规格、同生产工艺、同交货状态的预应力筋 30t 为一批	符合 GB/T 5223、GB/T 5244 及 GB/T 20065
	屈服荷载	√		√		
	弹性模量	√				
	极限伸长率	√		√		
	松弛率	√				

表 5.3 锚具、夹具和连接器检验要求

检验项目		全项检验项目及频次		抽检项目及频次		质量要求
		项目	频次	项目	频次	
锚具、夹具、连接器	外观	√	任何新选厂家	√	同一种类、同材料和同一生产工艺且连续进场的预应力筋用锚具、夹具和连接器，每 1000 套为一批，外观检验每批抽检 10%，且不少于 10 套；硬度检验每批抽检不少于 5%，且不少于 5 套；静载锚固系数性能试验每批抽检一次（3 套）；锚板强度每批抽取 3 个样品	符合 GB/T 14370 及 TB/T 3193
	硬度	√		√		
	静载性能（锚固效力系数、极限拉力总应变）	√		√		
	锚板强度	√		√		
	疲劳性能	√				
	周期荷载性能	√				
	锚口摩阻	√				
	喇叭口摩阻	√				

5.3.1.2 张拉设备的校验

预应力工程不论先张法还是后张法，不论张拉设备采用何种类型，都必须通过校验与标定确定张拉设备与应力的关系。

在进行张拉作业前，联系具有一定资质的试验单位，以标定张拉设备，同时根据张拉设备的实际情况确定油压与张拉力关系。

5.3.1.3　张拉设备定位安装

张拉设备校验完成之后，要进行定位与安装，以便为后续的张拉锚固提供操作平台。其操作要求为：

（1）第一步需要搭设为进行张拉作业所需要的操作平台，而后借助木板和钢管等将千斤顶放于平台上[9]。

（2）安装张拉工作时用到的锚板和夹片，并且轻轻敲打夹片直到密实，而后分别安装千斤顶等其他设备，需要特别注意的一点是要保证锚垫板与千斤顶之间的垂直关系。

（3）开动油泵，升高油压达到预应力筋张拉需要的油压值。

（4）在张拉预应力钢绞线时要控制应力和伸长量。

5.3.1.4　锚固

这里的锚固是指在预应力筋张拉产生预应力之后，将预应力筋两端进行固定，从而保存预应力的过程。

锚固操作要求：

（1）缓慢松开油泵的截止阀，待油压值降低到零时，就可以认为预应力筋的锚固已经完成。

（2）借助油泵缓慢向回程油缸供油，同时活塞慢慢回程到底[10]。

（3）卸下工具锚、千斤顶及限位板。

5.3.1.5　封端

在张拉作业最终锁定以后，为防止滑落，预留4～10cm外露锚索，通过机械设备切割掉其他多余的钢绞线。尤其需要注意的是，为防止电火花与钢绞线接触影响其性能，应尽量避免使用电弧切割的方法，建议采用砂轮机进行切割。图5.4所示为张拉过程图。

图5.4　张拉过程图

5.3.2 张拉注意事项

5.3.2.1 张拉时油泵的使用方法

（1）张拉作业的第一步就是打开油泵，油缸进油后立刻后退张拉钢绞线束，而后通过调节节流阀的松紧来控制油泵内油压的高低，同时对预应力筋张拉的速度进行调节。

（2）在活塞出现外伸情况时，锚夹片可以自动夹紧钢绞线。工作中的锚夹片因为限位板的限制，带出的不是太多。

（3）当活塞还剩下 10～20mm 时，停止供油，同时回转节流阀及截止阀，此时的钢绞线会发生回缩现象且活塞设备会将其拉回若干毫米，同时工作锚的夹片会被带入并进行自行夹紧的流程。

（4）关闭截止阀后，调节节流阀门以升压，活塞出现回程现象，此时应该预留 10～20mm 完成一次张拉循环。如果此时的钢束出现较短现象，可以一次达到张拉的控制应力 σ_k；如果出现钢束较长的现象，一次达不到要求，那么必须要进行第二次张拉，且每一次的初始油压都要是上一轮的最终张拉油压。

（5）当出现自动工具锚上的夹片已经和锚板产生脱离现象，所以在第二次张拉开始前需要将工程所使用的锚夹片重新推入锥孔中，如此重复直至达到设计要求，不论什么锚固都要求张拉控制力要在稳定状态下才可以实施。

（6）在进行张拉施工时，张拉人员要实时联系，保证施工同时进行。

5.3.2.2 钢丝滑动的处理

如果在施工过程中出现了滑丝现象，此时应借助千斤顶取出滑丝的夹片并进行更换，而后重新进行张拉作业。

5.3.2.3 断丝的处理

预应力筋的张拉可以有效补偿其他钢丝的控制张力，需要控制最大张力不超过钢绞线张力强度的 0.8 倍。如果出现断丝的情况，则立刻换丝，采取重新张拉的方法。

5.3.2.4 张拉中注意的问题

为了防止工具箱无法顺利取出，在安装工具锚时，需要涂抹润滑液。

5.3.2.5 其他注意事项

（1）锚具夹片不能露天放置，只能存放于室内，同时采取防锈措施。

（2）在安装夹片前检查夹片有无锈蚀及其内是否有杂物。

（3）从开始张拉至达到最终张拉力的 15% 之前的这段时间，留意锚垫板与锚环之间是否紧密相贴，若出现问题需及时进行调整[11]。

（4）张拉完成后及时进行伸长量校核，且最大伸长量不能超出 ±6%，否则暂停施工，检查原因，查明后并进行整改，方可继续施工。

（5）当出现以下任意一种情况时，要对千斤顶及配套设备进行重新标定：

① 使用超过半年。

② 张拉超过 200 次。

③ 预应力张拉配套设备出现反常现象。

④ 千斤顶检修后。

（6）在进行张拉作业时，在梁的两端严禁站人，且在梁体的两端要设置厚度不小于 4mm 的防护围挡。

5.3.3 张拉技术要求

5.3.3.1 先张法张拉技术要求

（1）在放张作业时要先移除限制构件，且要保证放张时混凝土的强度、龄期以及弹性模量符合设计要求。

（2）对于预应力筋的放张，要按照设计要求进行。当无具体要求时，要保证分阶段、对称、相互交错地进行放张。

（3）在进行放张时，要采用楔块或者千斤顶进行整体放张。

（4）预应力筋的放张速度不宜过快。

（5）切断预应力筋时，要先从放张端进行，按顺序切向另一端。

5.3.3.2 后张法张拉技术要求

（1）施加预应力之前，要先检查构件外观、尺寸以及锚垫板后混凝土的密实性，并清理干净孔道中的灰浆[12]。

（2）对于预应力筋的张拉要按照设计要求进行。对于集中预制的混凝土箱梁的张拉顺序要按照预张拉、初张拉以及终张拉三个阶段进行[13]。

（3）在施加预应力时，对于混凝土强度、弹性模量以及龄期应保证符合设计要求。

（4）预应力筋张拉端的设置以及张拉的顺序应符合设计要求。

（5）当进行施加预应力时，要保证锚垫板、锚具以及千斤顶的位置处于同一轴线上。

（6）当进行预应力筋锚固时要等到张拉控制的应力达到稳定时方可进行。当检验合格后方可将端头多余的预应力筋进行切除[14]，且切割后要保证外露长度大于其直径的 1.5 倍，并保证不小于 30mm[15]。

5.4　预应力损失和解决方法

5.4.1 锚索预应力损失原因

预应力损失是由于生产工艺、材料特性等因素，在进行安装和使用的过程中其预应力不断减小是张拉过程中不可避免的一个问题，首先张拉应力会随着张拉的设备、工艺水平、材料的特性及其环境因素等作用逐渐损失，再者控制应力会随着锚索的使用时间逐渐退化，使得锚索预应力逐步降低。从《水工预应力锚固施工规范》SL 46—2015 可知预应力损失为张拉结束以后，多种外界因素导致的原先设计的张拉力减小。我们知道造成预应力损失的因素复杂多样，不能只考虑单一的影响因素，需要系统地将这些因素归类，这一课题值得深思探讨，如下是其中的几个因素。

5.4.1.1　锁定损失

当预应力锚索的控制应力达到所控制的应力最大值 σ_{con} 以后，经过一段时间的稳定受压之后，等到钢绞线的受力形态和弹性变形趋于稳定时将其锁住。此时会发生预应力损失，这种现象可以称为锁定预应力损失，主要是由于锚具、锚墩与锚墩基础之间间隙逐渐缩小，以及采用的预应力钢绞线的内缩，用 σ_{L1} 表示，此时张拉段之间的长度与预应力的损失呈现出反比的现象。为了减少这部分损失，通常采用分级张拉的办法，相互间隔时间必须严格控制，不少于 5min 且最后应该控制在 20～30min 之内，此外施工人员应该遵守设计要求，确保钢绞线在张拉过程中达到期望要求，直到稳定下来。

5.4.1.2　工程行为引起的预应力损失

在施工过程中，如果采用具有粘结预应力的预应力筋，虽然其安全性能和施工较为方便，但是张拉会有些许不便，它无法补偿张拉也无法满足较大的冲击变形。

在采用无粘结预应力预应力筋时，当张拉时使用了 PE 套管，且填充粘结性填充料时，则对于预应力筋在张拉段的自由变形[16]将无法控制，那么就可以满足冲击变形，但是其安全性能要求较高，施工不便。

5.4.1.3　摩阻损失

对于摩阻损失可采用以下方法处理：

（1）在对预应力筋进行张拉时，为了减少夹片与钢绞线之间所产生的摩擦损失，应该优先采取两端同时张拉。

（2）为了减少摩擦损失，应该采取"超张拉"这一施工方法，可有效减少摩阻损失以及由于钢绞线的松弛或者徐变引起的预应力损失。

（3）为了提高孔道的直线度，需要在造孔的过程中安装扶正器。

5.4.1.4　松弛损失

钢绞线在张拉过程中，在高应力的作用下，长度不变但是应力却逐渐下降，这种现象的损失称为松弛损失。根据试验表明，钢绞线的应力松弛现象主要是由多方面的因素造成的，不能从某单一方面来解释，与材料本身的性质，以及时间、温度等有关。为了防止松弛损失这种情况，通常采取分级张拉、超张拉等措施，同时在张拉过程中要严格保证施工操作人员的安全，要把安全放在第一位，要有充足的时间实时调整受力。

5.4.1.5　人为或器具因素引起的预应力损失

（1）张拉器具等引起的预应力损失原因：

① 夹片自身质量不合格以致很难与钢绞线进行组合，导致预应力损失。

② 夹片因后期磨损，导致钢绞线很难被固定从而引起预应力损失。

③ 油泵压力表刻度线较粗或刻度线精度较低，油泵与压力表的型号不匹配等均有可能引起预应力损失。

④ 油泵及压力表未按照规定要求进行标定。

（2）人为引起的预应力损失原因：

① 在安装设备时，由于人为操作影响导致孔道与锚垫板之间有一个夹角，预制管件截面与锚垫板之间有空隙。

② 未将进行张拉的预应力钢绞线表面的油脂清理干净，使钢绞线与夹片间的摩擦减

小，进而导致预应力损失。

③ 锚索在制造过程中使用对中的支架与工作的锚具锚孔之间不对应。

④ 钢绞线之间相互扭结错交。

⑤ 在预应力锚索张拉过程中，加压速率过快导致了稳压时间的不足。

⑥ 张拉在锁定后，未及时保护锚头。

⑦ 在张拉作业中受到钻具影响，导致预应力筋受到破坏，引起预应力损失。

⑧ 由于张拉整束预应力筋索前未预先拉紧，导致预应力筋中钢丝与钢丝之间的松紧程度不同，从而引起预应力损失。

⑨ 弹性模量和钢绞线截面面积取值不够准确。

5.4.2　锚索预应力损失解决方法

减小预应力损失的措施如下：

（1）首先需要对预应力筋材料进行优化然后再选择。在实施过程中要根据施工需要选取钢绞线并且要选取与钢绞线互相配套的锚具，根据施工周围环境的不同，选取最优的预应力筋材料。

（2）最初在施工设计阶段时，应该避免张力过大这种现象。因为锚索的预应力损失与张拉设备所产生的张拉力呈现正比现象，在张拉时为了避免预应力损失过大，应该设置多孔且小吨位。

预应力筋有一定的适用特点，在工程使用时产生应力损失是预应力筋自身的特点。只有注意才能使预应力体系达到最优效果，在施工工程中要采取多种综合控制手段，降低预应力损失。

5.5　预应力张拉安全注意事项

5.5.1　预应力张拉施工存在的安全事故类型及原因

5.5.1.1　预应力张拉施工事故的主要类型

（1）台座倾覆或滑移（仅对"先张法"施工）。

（2）预应力筋断落或滑脱。

（3）张拉设备故障。

（4）不当操作事故（闪失、碰撞等）。

（5）施工机具伤人。

（6）现场火灾与触电。

5.5.1.2　引发事故的主要原因

（1）锚具及夹具等与预应力筋之间的连接不够牢固。

（2）预应力筋的质量不合格。

（3）张拉机具失效。

（4）张拉作业受到恶劣气象条件（雨、雪、冰雹、台风等）的影响。

（5）作业面的外侧边缘与外电架空线路的边线之间没有保持安全操作距离。

（6）机具使用前没有进行检修，或操作不当。

5.5.2　预应力张拉安全操作规程

（1）参加张拉人员穿戴好劳动防护用品，佩戴好安全帽，系好安全带，同时也要戴上防护眼镜以防受伤。

（2）确保操作人员在安全的位置进行施工作业，对于高空作业要挂好安全网，同时设置防护栏。

（3）在进行预应力筋的张拉作业时，操作人员应站在构件侧面，同时注意构件两端不能站人，在构件两端设置防护栏（罩），高压油泵应放置于构件端部的左右侧。

（4）为尽可能减少误差，预应力筋张拉时应缓慢匀速加压。

（5）在张拉作业过程中要时刻保持千斤顶的水平状态，以防千斤顶偏移引起的滑丝。

（6）为减小人为因素可能带来的误差，在对油泵进行加压时，千斤顶操作人员应与油泵操作人员保持实时联系。

（7）在进行预应力筋的张拉作业时，千斤顶后方不得站人，在千斤顶具有压力时不得旋转张拉工具的螺钉及油管接头。

（8）张拉中若发现张拉应力钢筋的位置与设计不相吻合，且超过规范允许偏差的范围时，要经过技术负责同意后方能张拉。

（9）悬空张拉时，必须搭设牢固的挂篮脚手架，以保证张拉人员操作安全。

（10）在张拉作业时若遇上停电，应在第一时间拉闸断电以防突然来电带来危险。

（11）张拉筋的对焊接头要符合质量要求，严禁采用电弧法切割多余预应力筋，以免降低其强度而发生意外。

（12）张拉台座前后均应设挡板，以保护张拉人员和路人安全。

（13）在先张拉而后将喷嘴插入孔时，喷嘴后面的胶皮垫圈要压紧在孔洞上，胶皮管与灰浆泵连接牢固以后才能开动灰浆泵，同时堵灌浆时操作人员应站在孔的侧面，以防灰浆喷出伤人[17]。

（14）预应力筋张拉作业完成后立刻拉闸断电，同时关闭油泵油门，静置 3～5min 后，操作人员站在构件侧面使用扳手再紧螺钉，防止预应力筋断裂导致安全事故。

5.5.3　预应力张拉安全注意事项及事故防范措施

5.5.3.1　张拉前注意事项

（1）根据设计要求，待混凝土强度达到设计强度标准值的 90% 以后才能进行张拉作业，应以试验室出具的同条件混凝土试块强度报告为准。

（2）在预应力筋张拉作业前，提前检查构件是否存在裂缝等质量问题，模板是否有下沉现象等。若问题严重则应先处理解决好才能进行张拉作业。

（3）加强对张拉设备及锚具进行检查校验。由于预应力筋张拉以后，会积蓄非常大的能量，一旦预应力筋断裂会释放出巨大能量，极易造成安全事故，因此在预应力张拉作业中，必须特别注意安全[18]。因此，无论在任何情况下，作业人员都必须躲开预应力千斤顶的正面，以免发生不可预测的事故。另外，由于桥梁预应力筋张拉时属高空作业，因此，排架一定要稳固，且绝对禁止在架子上打闹嬉戏，以防发生意外。

（4）千斤顶油泵的相关操作人员应站在千斤顶侧面进行操作，不能站在千斤顶两端，若需要暂离工作岗位，应切断电源或把油门全部松开[19]。

5.5.3.2　张拉过程应注意事项及防范措施

（1）在进行预应力筋的张拉作业时，作业场地四周应设置警示牌及标语，严禁非操作人员进入张拉区。

（2）在进行预应力筋张拉作业时，构件两端应设置安全保护装置，同时严禁站人。

（3）张拉作业时，操作人员应严格按照施工工艺流程进行操作，同时遵守相关操作规程。

（4）保持钢绞线中心线与施加张拉力的作用线共线。

（5）在进行预应力筋张拉作业时，为使千斤顶运行稳定，油泵应缓慢加压，卸载时同样应缓慢平稳进行。

（6）油泵运转过程中如出现反常现象应立即停机。

（7）张拉时，严禁工作压力超过额定压力。

（8）待张拉控制应力稳定以后再锚固预应力筋。

（9）在张拉作业完成后，需要检查构件表面是否存在裂隙，同时指派相关人员填写预应力钢筋张拉记录[20]，并检查各个结果是否正常，最后作为技术资料归档。张拉过程中若出现断丝或滑丝现象，必须及时取出不合格的构件并再次进行张拉作业。

参考文献

[1] 郑伟．试论市政桥梁预应力后张拉施工［J］．建材与装饰，2016（21）：255-256.

[2] 劳辰锋．沙特麦加轻轨 U 型梁先张法预制技术［N］．中国建材报，2014-11-20（007）.

[3] 张玉光．高速铁路专用混凝土轨道板钢筋绝缘性能分析［J］．中国金属通报，2017（01）：58-61.

[4] 田欣．论预应力技术在路桥施工中的应用［J］．江西建材，2017（07）：154-155.

[5] 郭峰，李睿，王鹏，杨建湖，江金阳．装配式梁桥换梁法加固探讨［J］．公路交通科技（应用技术版），2017，13（05）：68-69.

[6] 高士友．浅谈桥梁后张法预应力施工控制［J］．黑龙江科技信息，2014（34）：244.

[7] 李坤．探究后张法预应力简支箱梁起拱与下挠的施工控制［J］．科技展望，2017，27（7）.

[8] 毛德华．高速公路边坡防护中预应力锚索施工探讨［J］．交通标准化，2013（04）：28-30.

[9] 黄仙坤，宋永朋．地质灾害治理中预应力锚索施工的技术难点［J］．住宅与房地产，2017（35）：191-192.

[10] 徐丽萍，李友谊，邓波．渝广高速公路矩形空心薄壁墩施工技术［J］．四川水力发电，2014，33（02）：28-31.

［11］彭盛松．铁路工程 T 梁预制与架设施工技术研究［J］．江西建材，2014（01）：133-134.

［12］丁健伟．公路桥梁预制箱梁质量控制［J］．中国高新技术企业，2015（31）：100-101.

［13］闫豪杰．后张预应力混凝土箱梁施工管理标准［J］．中国标准化，2017（14）：93-94.

［14］孟维军．某桥梁施工质量通病防治措施［J］．科技创新与应用，2015（10）：212.

［15］彭笑川．海底捞总部商务中心预应力施工质量控制［J］．科技广场，2017（06）：184-188.

［16］俄仲洋．浅谈预应力锚索张拉控制及预应力损失［J］．四川建材，2016，42（08）：180-182.

［17］朱文艺．预应力混凝土 T 型简支梁的施工技术［J］．四川建材，2013，39（02）：195-196.

［18］王新年．浅析预应力施工技术在房建工程中的应用［J］．建筑知识，2017，37（15）：42.

［19］彭群辉．先张法预应力技术在桥梁施工中的应用［J］．建材与装饰，2016（44）：265-266.

［20］余文元．高铁车站大跨度预应力现浇梁施工技术［J］．铁道建筑技术，2017（07）：57-61.

6 城市预制拼装式地下管廊孔道压浆技术

6.1 孔道压浆的目的和要求

6.1.1 孔道压浆的目的

根据日照山钢城市地下管廊电缆隧道工程，在施工现场进行预制构件之间的拼装时，张拉钢绞线作业需要等到环氧胶固化完成后才可以进行。永久预应力筋张拉完成后，进行预应力孔道压浆。为了使灌浆顺利进行，首先要用水对预应力通道进行浸湿，然后从通道的末端开始灌浆，直到另一端显示浓浆，这可以作为灌浆的判断依据。永久预应力筋张拉作业完成后，即可解除临时预应力张拉和节段底螺旋千斤顶。

在后张预应力混凝土结构中，预应力筋与混凝土的相互作用以及预应力筋的保存是通过在预制罐中填充浆料来实现的；另外，为了防止预应力钢筋在预应力状态下滑移，移位会对预应力钢筋造成长期的腐蚀，大量的预应力钢筋需要在拉伸后立即进行灌浆[3]。

灌浆前，灌浆孔用水冲洗，然后灌浆。再将含有添加剂的浆料用于孔中灌浆并从孔的一端挤出。加压至 0.5～0.7MPa，持续 3～5min 后结束孔道压浆作业。

孔道压浆主要有以下两个目的：

（1）通过压浆使孔道饱满从而避免钢绞线锈蚀，提高构件的使用寿命。

（2）通过孔道压浆向混凝土施加预应力。

由此，工程实际中控制压浆作业质量是非常重要的。

6.1.2 孔道压浆的要求

6.1.2.1 材料要求

（1）管道压浆材料是水泥、超塑化剂、微膨胀剂和矿物外加剂的混合物。

（2）管道灌浆剂应为超塑化剂、微膨胀剂和矿物掺合剂的混合物。

（3）水泥最低不得低于 42.5 级低碱硅酸盐水泥或低碱普通硅酸盐水泥。

（4）高效减水剂的减水率不应低于 20％。

（5）灌浆料中不应含有碱性较高的物质，不应掺入含氯盐、亚硝酸盐或对预应力筋具有腐蚀作用的其他添加剂。

（6）灌浆或灌浆剂中的氯化物含量不应超过水泥材料总量的 0.06%。

6.1.2.2　浆体性能指标要求[6-7]

（1）水胶比 0.26～0.28。

（2）凝结时间，初凝≥5h、终凝≤24h。

（3）24h 自由泌水率 0。

（4）压力泌水率≤2.0%。

（5）充盈度合格。

（6）自由膨胀率 3h 为 0～2%，24h 为 0～3%。

（7）3d 抗折强度 5MPa、抗压强度 20MPa、7d 抗折强度 6MPa、抗压强度 40MPa、28d 抗折强度 10MPa、抗压强度 50MPa。

6.1.2.3　压浆材料检验批次[8]

（1）验证试验，新选货源，应进行一次检验，检验项目见表 6.1，

（2）进场检验，以 30t 为一批，不足 30t 按一批计，检验项目见表 6.1。

表 6.1　孔道压浆料、压浆剂、浆液检验项目与质量要求

序号	检验项目		指标	进场检验或试验室试配	生产配合比验证	工艺验证	日常检验	试验方法与标准
1	水胶比　%		0.26～0.28	√	√	√	√	JTG/T F50—2011
2	凝结时间 h	初凝	≥5	√				GB/T 1346—2011
3		终凝	≤24	√				
4	抗压强度（MPa）	3d	≥20	√				GB/T 17671—1999
5		7d	≥40	√	√		√	
6		28d	≥50	√			√	
7	抗折强度（MPa）	3d	≥5	√				
8		7d	≥6	√	√		√	
9		28d	≥10	√			√	
10	流动度（25℃）s	出机流动度	10～17	√	√	√	√	JTG/T F50—2011
11		30min 流动度	10～20	√	√	√	√	
12		60min 流动度	10～25	√	√	√	√	
13	自由膨胀率（%）	3h	0～2	√			√	
14		24h	0～3	√			√	
15	自由泌水率（%）	24h 自由泌水率	0	√			√	
16		3h 钢丝间泌水率	0	√			√	
17	现场沉积率（%）	沉积流动度比	≥95	√	√	√	√	沉积率实验
18		沉积密度比	≥95	√	√	√	√	
19	竖向膨胀率%（24h）		$0 < x < 3$	√	√	√	√	竖向膨胀率实验

序号	检验项目		指标	进场检验或试验室试配	生产配合比验证	工艺验证	日常检验	试验方法与标准
20	压力泌水率（%）（孔道垂直高度）	≤1.8m，试验压力0.22MPa	≤2.0	√	√			JTG/T F50—2011
21		>1.8m，试验压力0.36MPa		√	√			
22	充盈度试验		合格	√				
23	压力充盈度试验		合格	√	√	√		压力充盈度试验
24	材料抗分离试验		合格	—		√		材料抗分离试验
25	氯离子含量（胶凝材料总量）（%）		≤0.06	√		—		GB 176—2017

注：1. 上述相关检验报告内容应包括：（1）压浆料与水的配合比；（2）压浆剂与水泥（水泥品种）、水的配合比；

　　2. 当工程要求抗冻时，应掺入含气量在1%～3%的引气剂；

　　3. 有抗渗要求时，抗氯离子渗透的28d电量指标宜小于或等于1500c。

6.1.2.4　判定规则

注浆剂（材料）应按表6.1进行测试。如果所有性能符合技术要求，那么该批次产品应被视为合格产品。如果一个或多个不符合本指南的要求，允许从该批产品中加倍抽取样品复试，如复试各项目均合格则仍可判为合格，反之判为不合格。

6.2　孔道压浆的材料和设备

6.2.1　孔道压浆的材料

（1）水泥要求其性能稳定，强度等级≥42.5，其性能指标应符合《公路桥涵施工技术规范（JTG/T F50）》第6.15.4条的规定。

（2）压浆剂应由各方面性能都很稳定的产品制成，与水泥、水混合后、具有无偏析、不渗色、微膨胀、流动性高的技术性能，具体指标见表6.1。

（3）压浆料应由各方面性能都很稳定的产品制成，与水泥、水混合后、具有无偏析、不渗色、微膨胀、流动性高的技术性能，具体指标见表6.1。

（4）对水质的要求不应含有对预应力筋不利的成分。规范要求每升水中的氯离子含量≤350mg，并要求使用符合国家卫生标准的清洁水[9]。

（5）压浆材料、灌浆剂等材料应具有厂家提供的出厂检验证书，并严格按照有关检验项目和批次要求进行检验（指标见表6.1）。它不应与氯盐，亚硝酸盐或其他腐蚀预应力筋的添加剂混合[10]。灌浆或灌浆剂中的氯化物含量不应超过水泥材料总量的0.06%。详见表6.1。

6.2.2 孔道压浆的设备

孔道压浆设备主要包括：工料机、制浆机、压浆机、储浆罐、真空泵、压浆记录仪等。包括制浆原材料必须采用自动计量的生产方式，包括制浆、压浆施工设备，其技术性能应符合表 6.2 要求。

表 6.2　施工设备技术指标

序号	设备名称	设备技术指标
1	供料机	采用螺旋输送器送料，称重传感器自动计量水、水泥、压浆剂或压浆料
2	制浆机	转速不低于 1000r/min，桨叶的速度范围宜在 10～20m/s。桨叶的形状应与转速相匹配，并能满足在规定的时间内搅拌均匀的要求
3	压浆机	应采用活塞式压浆泵，其压力表最小分度值不应大于 0.02MPa，可进行 0.5MPa 以上的恒压作业，压浆泵应具有压浆量、进浆压力可调功能，实际工作压力应在压力表 25%～75% 的量程范围内，压力表应有隔膜装置
4	储浆罐	储浆罐应带有搅拌功能，带 3mm 过滤网，其体积应不低于其灌孔道体积的 1.5 倍
5	真空泵	真空泵应能达到 0.10MPa 的负压力
6	压浆记录仪	具有测定和记录压力和流量的装置

6.3　孔道压浆施工工艺

6.3.1　孔道压浆施工准备工作

6.3.1.1　准备措施

（1）孔道压浆施工必须有可靠的水电供应，并且在必要时应该设有专门使用的管线和备用的水源电源[11-12]。

（2）检查自动碎浆机计量系统和碎浆机的工作状态，并确保及时进行相关的维护操作。

（3）灌浆设备应配备连续的工作条件。注浆泵应根据注浆孔的高度、长度和形状进行选择。压浆泵的压力表必须通过检验。在灌浆之前，检查配套设备，输送管道和阀门的可靠性。

（4）合理使用灌浆施工自动记录仪。

（5）有必要制定相应的环境保护和劳动安全措施，不得排放污水、废泥。

（6）对于由金属或塑料制成的孔，请检查材料证书和检验证书。并采取保护措施保护通道，防止污染水和其他碎片进入。在预应力筋穿过孔之前，应清理孔并用压缩空气消除孔中的杂质。

（7）最终张拉完成后，应在允许的时间内进行灌浆，灌浆前应将裸露的钢绞线切断密封，并提供灌浆阀、排水阀和出气口；通道的顶部设置一个泥浆阀。

（8）在灌浆过程中，为保证工作顺利完成，泥浆温度应保持在 5～30℃之间，在灌浆过程中和灌浆后 48h 内，梁体温度和环境温度应不低于 5℃，否则就应根据条件调整，合理的养护措施根据冬季施工要求采取相应处理。可以将适量的引气剂混入浆料中，但不能使用防冻剂。当环境温度高于 35℃时，注浆工作适合夜间使用。

（9）在施工早期，检测孔必须设置在灌浆不充分的地方，这样可以方便检查内窥镜的填充程度。这是检查过程可靠性和质量监督的必要工具。检查孔的数量应由设计方、企业单位、监督方和施工方决定。

（10）孔径 $\phi20$mm 以上的压力管道用于注浆、攻丝和排气。喷水嘴和通风管的自由长度应为 1.0m 或更大，并且在灌浆前后必须始终保持垂直。注浆管应在使用过程中定位。当预应力筋为 W 形时，中间排气口应设置在向下弯曲的起点（最高点）前方约 0.5m。注浆管道必须保证良好的气密性，注浆前注浆管应垂直封闭。

（11）生产配合比验证

制浆原料投放市场后，根据实验室混合比的测试结果，利用制浆原料验证了浆料的性能。当指标符合表 6.1 的要求时，可以确定该产品符合设计要求[14-15]。

6.3.1.2　制浆工艺

（1）浆液混合和加料顺序：首先将所有混合水加入混合搅拌机→启动混合搅拌机→均匀加入所有的注浆剂（物料）→均匀加入所有的水泥→再搅拌 2min。

（2）搅拌混合好后，进行表 6.1 的例行检查，每天或每个工作班进行检测。表 6.1 中指定范围内的浆液规格可通过过滤器进入罐内。浆液应继续在罐中搅拌以确保浆液的流动性。

6.3.1.3　工艺验证

在开始施工之前，应进行试浇技术试验，进行材料抗隔离试验，确定施工过程中的泥浆性能是否符合表 6.1 的要求。

6.3.2　孔道压浆施工

6.3.2.1　压浆工艺

（1）液压浆体进入梁体前，首先打开挤压泵，使浆液从注浆喷头排出，去除上浆管道中的空气、水和泥浆[16-17]。当排出浆体流动性与混合罐中的流动性一致时，便可以将浆体压入梁体。

（2）注浆时，弯曲孔和垂直孔应从最低点的开孔注入，灌浆应该缓慢而均匀地进行，不能中断。所有最高点的通风口应逐一打开和关闭，以使隧道内的排气顺畅。

（3）浆液从混合到压入隧道的时间不应超过 40min。在使用前和注射过程中，浆液应持续搅拌。对于由于延迟使用而导致流动性降低的浆料，浆料的流动性不得通过添加额外的水来增加，并且必须丢弃。

（4）无论是直线水平还是具有弧度的通道，灌浆压力适合的范围都定为 0.5～0.7MPa；如果遇到超长通道，则规定要满足最大压力≤1.0 MPa[18]；对于垂直通道，注浆压力应为 0.3～0.4MPa。注浆液位应达到通道另一端的充满度，排出孔应排出与水泥浆相同的流动性。关闭浆液出口后，应保持不低于 0.5MPa 的稳定期，并保持稳压期。时间应该是 3～5min[19]。

（5）预应力钢筋拉入连接段后，连接段的多跨连续预应力筋部分应立即灌浆。若所有部件完全预紧，不应执行连续灌浆。

（6）垂直孔灌浆应从下往上进行，阀门的设置为防止浆液回流。

（7）对于真空辅助灌浆，注浆孔、挤压阀和排气阀应全部在灌浆口端封闭。真空泵置于出口端，启动工作，等到真空度达到 0.06～0.08 MPa[20]后，压浆泵开启。在灌浆过程中，真空泵不应停止工作。当浆液通过真空端时，真空泵可停止工作。同时，排料口上方的排料阀打开，少量泥浆排出并关闭。根据常规方法继续灌浆。

（8）灌浆后，应通过检查孔检查灌浆压实情况。如果有孔洞气泡，灌浆应该及时进行处理。在灌浆过程中，各工作组应制作至少 3 套，尺寸为 40mm×40mm×160mm、标准养护 28d 的试件，并进行抗压强度和抗折强度试验，以评估水泥浆的质量[21−22]。

（9）灌浆施工期间，应记录施工的具体情况。同时，应使用灌浆施工记录仪监测和记录施工参数。

（10）注浆后，应在泥浆强度达到规定值后进行运输和吊装。

6.3.2.2 锚具与构件端部处理

灌浆完成后，锚固端应按设计要求密封保护，并进行防腐处理。当锚固锚具时，灌浆结束后应切断梁端混凝土，待梁应在梁端附近清洗。然后应该设置钢筋网来浇筑锚固混凝土；密封应严格控制与结构或部件具有相同强度的混凝土的使用，并在密封锚固后控制梁的长度[23]。对于长期暴露在外的锚具应进行防锈处理。

参 考 文 献

[1] 密士文，彭凌星，张家松．地质雷达在桥梁预应力管道注浆质量检测中的应用 [J]．湖南交通科技，2018，44（01）：134-137．

[2] 林浩东．桥梁预应力孔道注浆质量检测试验探析 [J]．北方交通，2018（01）：31-34．

[3] 赵立秋，辛光涛．桥梁预应力孔道压浆质量测试方法研究与应用 [J]．公路，2017，62（11）：121-124．

[4] 秦绪勇．分析缺陷长度对孔道注浆饱满度检测值的影响 [J]．低碳世界，2017（32）：233-234．

[5] 高翔．缺陷长度对孔道注浆饱满度检测值的影响 [J]．公路与汽运，2017（05）：170-171＋204．

[6] 谢立安．桥梁预应力孔道注浆密实性无损检测方法的应用研究 [J]．山西交通科技，2017（04）：89-92＋104．

[7] 张军平，吴红刚，冯小伟，覃木庆．锚索注浆拔管控制长度影响因素分析 [J]．路基工程，2017（01）：138-142．

[8] 张俊光．基于综合测试法的预应力混凝土桥梁孔道压浆质量检测 [J]．公路交通科技（应用技术版），2017，13（02）：209-212．

[9] 甘孟松．二次注浆在 T 梁预应力注浆饱满度中的运用 [J]．建筑知识，2017，37（01）：63-64．

[10] 魏连雨，王金伟，刘永平，张国盘．桥梁注浆孔道中冲击弹性波波速特征检验研究 [J]．重庆交通

大学学报（自然科学版），2017，36（01）：14-18.

[11] 卢江波．预应力孔道注浆质量分析与无损检测方法研究［D］．湖南大学，2016.

[12] 汪步胜．桥梁负弯矩孔道注浆饱满度的探地雷达三维探测法研究［J］．低碳世界，2016（16）：178-179.

[13] 官显金．冲击回波法在预应力孔道注浆密实度检测中的应用［J］．建筑监督检测与造价，2016，9（01）：56-60.

[14] 杨静，谭立铭，任志海，白雪冰．桥梁负弯矩孔道注浆饱满度的探地雷达三维探测法研究［J］．公路交通科技（应用技术版），2016，12（02）：203-206.

[15] 张嘉中，曾俊平．预应力孔道注浆质量无损检测技术研究［J］．公路交通科技（应用技术版），2016，12（01）：81-83.

[16] 熊尽柯．冲击回波法检测预应力孔道注浆质量的研究［J］．江西建材，2015（23）：3-5.

[17] 刘国强．弹性波检测塑料波纹管注浆质量的有效性研究［D］．河北工业大学，2015.

[18] 许建宁．预应力混凝土梁孔道压浆检测技术与应用［J］．北方交通，2015（10）：32-36.

[19] 熊尽柯，郭亮．冲击回波法检测预应力箱梁孔道注浆质量的研究及应用［J］．江西建材，2015（12）：260-264.

[20] 徐向锋．孔道压浆性能试验及施工质量的研究［D］．东南大学，2005.

[21] 雷运华，沈涛．国外后张法孔道压浆工艺的介绍［J］．世界桥梁，2003（04）：33-35.

[22] 谢光宁，孙正东．孔道压浆材料的应用研究［J］．筑路机械与施工机械化，2013，30（02）：72-74.

[23] 宋迪．后张法预应力真空注浆技术质量控制要点［J］．黑龙江科技信息，2015（18）：241.

7 城市预制拼装式地下管廊防水技术

7.1 城市预制拼装式地下管廊渗水机理

目前，城市地下管廊的建设[1-2]越来越广泛，对于管廊的防水性能的要求不断提高。预制管廊构件形式多样，形式通常为单舱、双舱及多舱，因铺设在其内部的管线错综复杂，而各类管线要求的防水不一致。通常，预制方涵构件由现浇或预制制成[3]，不同方法采取不同的防水、密封方式。修建方式不同致使防水措施[4-5]存在很大区别。比如，若使用现浇制成，因结构完整，主要依靠抗渗混凝土、外铺的防水材料进行防水，且纵向变形缝处是关键处理位置。若进行预制拼装，其拼装连接位置应进行特殊处理，管廊因有大量纵向节段，致使防水困难。因此，管廊防水是管廊施工的重点之一。

地下管廊渗水机理主要为以下三点：

（1）自身结构原因

管廊主体结构横向跨度小、纵向距离长、纵向节段多、拼接接缝多，纵向变形缝是其关键防水构造，底板主要排水设施为集水坑；且管线在小区处，穿墙管道数量多，人员出入口及进料口是综合管廊独有的构造。而且，与别的地下工程对比，地下管廊用做民用工程，与社区连通，接口处理数目大，同时配套的投料口和通风口等都存在渗水隐患。

（2）卷材等防水层存在渗漏

① 无论何种卷材防水，都不可能不存在搭接缝，这是卷材防水薄弱环节，在承受外力的作用时存在渗漏隐患，同时搭接部位使用年限比材料使用年限低很多，很难满足设计使用年限要求。

② 无自我修复能力，在施工回填或者交叉作业时，不小心的轻微损坏不易被察觉，容易存在渗漏隐患。

③ 卷材防水无法达到绝对满粘施工，遇到外力或者温差，极易空鼓，同时满粘黏合剂效果很难达到跟卷材同等寿命，极易产生串水，一旦防水失去效果，导致整个防水层失效。

④ 防水卷材无法与建筑物同时达到使用年限，远低于建筑物使用年限，后期将投入更多经济用于防水二次施工。

（3）拼装接缝、变形缝、沉降缝渗漏水

① 城市里的地下管廊，因结构沉降、变形不协调，造成内外止水带破裂、搭接处焊

接不好、施工期间损坏、地表水压力大于止水带设计承受压力等，外部防水出现问题而无效，进而导致变形缝、伸缩缝渗水。

②荷载扰动、温差等因素，造成结构变形，细部构造处的止水带出现缝隙，进而水渗入。

地下管廊工程的预制方涵构件埋设于地下，难以避免受到地下水的影响，因此对于地下管廊工程需要采取合理的防水措施。基于预制方涵构件所处环境，确保管廊安全，发挥其功能，根据相关规范及工程要求，防水等级设计为Ⅱ级，采取"以防为主、刚柔结合、多道防线、因地制宜、综合治理"的原则。

a."以防为主"：关键为结构的自防水[6]，要起到自防水效果，防水混凝土应密实、防水、不开裂、耐腐蚀、使用寿命长。

b."刚柔结合"：联合使用结构自防水和外铺柔性材料防水措施，协调变形，有效隔绝地下水，防止侵蚀混凝土。

c."多道防线"：围护结构进行施工时，采取多种防水做法，达到防水效果，且进行互补；特别是细部节点[7-8]处理，确保细节处安全牢靠。

d."因地制宜"：管廊细部构造众多，不同部位防水做法存在差异。

e."综合治理"：①重视防水工程质量。在工程设计过程中综合考虑防水设计，严格控制施工质量。虽然，管廊工程施工中遵循了施工原则和要求，事实上，依旧出现细部节点渗漏。所以，严控施工质量，遵循施工标准，确保地下管廊防水质量。②材料选用原则。防水材料是管廊防水质量重要的影响因素。选取主体结构材料时，考虑工程环境、施工条件和修建方式，要求材料耐久性好，保证主体结构使用寿命。分析不同防水材料优缺点、适应性，选取合适的防水材料，充分发挥防水材料的优异性，进而，有效增强管廊防水质量。

7.2　城市预制拼装式地下管廊结构防水技术

7.2.1　主要结构部位的防水

7.2.1.1　顶板防水技术

地下综合管廊顶板防水[9]采取复合防水法，联合使用涂料和卷材，地下综合管廊防水中，高聚物改性沥青防水卷材使用较为广泛。工程实际应用时，综合考虑便于施工、增强防水、材料配合等，考虑使用非固化橡胶沥青防水涂料，形成复合防水。其性能优异，当管廊有沉降差异、热胀冷缩出现时，对应力进行减弱或吸收，闭塞基层的孔隙及裂缝，有着优异的防水性能。而且，非固化材料几乎无污染、无有害气体逸出，稳定、环保。施工选用时，全面考虑工程条件，配合多种防水材料选用。结合日照城市预制装配电力管廊项目工程案例，对地下综合管廊顶板防水施工工艺进行介绍。

管廊顶板采用 2.0 mm 厚白色聚氨酯防水涂料＋4 mm 厚 SBS 改性沥青防水卷材，其弹性强、使用寿命长，高温可使用，使用温度低至－25℃，高达＋100℃。高至 1500% 的伸长率，有效抵抗穿刺、撕裂，对于气候寒冷、变形及振动较大的建筑较为适用，配合涂料使用构成复合防水系统。因SBS改性沥青防水卷材的延伸率较好，能够使防水层紧密地包覆混凝土基层，有效阻止窜水层的出现。另外，白色聚氨酯涂料有效杜绝焦油、古马隆等有害成分，清洁环保，对环境无负担。管廊顶板的防水构造见图7.1。

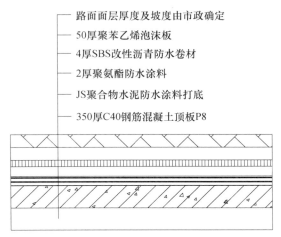

图7.1　管廊顶板防水构造图

7.2.1.2　底板和侧墙防水技术

地下综合管廊底板和侧墙防水[10]采取与顶板防水相同防水做法，均采用涂卷结合形成复合防水系统，使之形成整套的防水系统，增强地下综合管廊防水效果。结合日照市预制拼装式电力管廊项目工程案例，对地下综合管廊底板和侧墙防水施工工艺进行介绍。

管廊底板、侧墙均使用SBS改性沥青防水卷材，防水层强度较高，有效抵抗压力水，抗拉性能好，伸长率高，能很好适应基层收缩及开裂，且接茬安全牢靠。黏接时，在压力作用下，渗过SBS改性沥青防水卷材表面防黏层，二者形成巨大分子间作用力下的有效互粘接。管廊底板和侧墙的防水构造见图7.2。

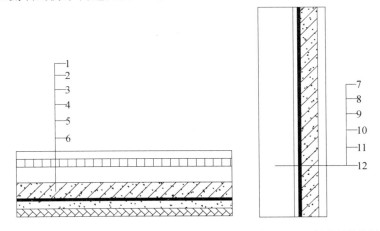

1—素土夯实；2—100厚C15混凝土垫层；3—20厚1：2.5水泥砂浆找平层；4—涂基层粘结剂；5—4厚SBS改性沥青卷材；6—350厚钢筋混凝土底板；7—350厚钢筋混凝土侧墙；8—20厚1：2防水砂浆抹面；9—4厚SBS改性沥青卷材；10—50厚聚苯板；11—护壁桩；12—素土夯实或碎石类分层夯实500厚

图7.2　管廊底板（左）和侧墙（右）防水构造

7.2.1.3 细部节点防水技术

管廊细部构造[11-12]分布广泛，材质大多为刚性，膨胀系数迥异，在温度、湿度等因素的影响下，结构界面易裂开，出现漏水。防水层要确保在节点部位、混凝土与其他材质连接处黏接可靠，全面封闭管廊的细部节点。重点进行下面各细部节点部位的施工，根据相应标准规范、设计要求采取防水处理。

（1）阴阳角

① 阴阳角防水加强层，每侧均空铺卷材，宽 250mm 以上，位置为底面铺向立面挨着保护墙处。

② 阴阳角防水加强层可以适当放松，避免断裂。

③ 底板保护墙上方空铺卷材，宽 200mm，立面留好接茬，并进行保护。再进行施工前，将预留接茬部位掩盖上泡沫板，起到保护效果。阴角及阳角防水做法参见图 7.3。

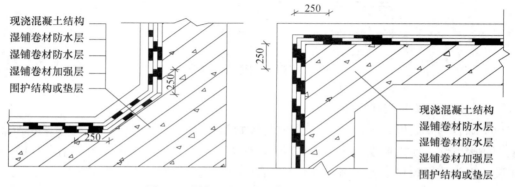

图 7.3　阴角（左）和阳角（右）防水做法

（2）施工缝节点防水

采取"防、堵"综合措施，横向垂直施工缝尽可能与变形缝结合设置，横向垂直施工缝和纵向水平施工缝尽可能减少设置数量，将镀锌钢板止水带和双组分聚硫密封膏进行联合使用，增强防水效果。通常，止水带厚为 3mm、宽 300mm 折边，经电镀锌处理，电镀锌厚度 10 μm，镀锌钢板采用搭接焊（50mm），为保证防水效果，所有施工缝面均涂布水泥基渗透结晶型防水涂料，用量一般为 1.5kg/m^2。防水构造做法参见图 7.4。

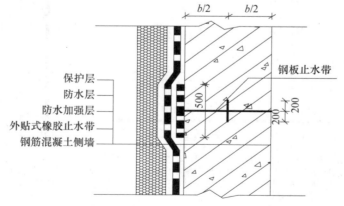

图 7.4　侧墙施工缝防水构造做法

（3）变形缝节点防水

变形缝设置一般为 15m/道，最大间距不超过 30 m/道，中埋式止水带与变形缝两者的中心线确保重合，这是防水控制的关键，且止水带应安全可靠。中埋式钢边橡胶止水带环状设置在底板、侧墙、顶板位置，在特设的钢筋夹处固定，水平、盆形设置止水带，气泡不允许在止水带下面出现，形成渗水通道。变形缝顶板迎水面处可预留嵌缝槽。成槽方式为：进行混凝土浇筑时，事先埋设退拔形状的金属或硬木条在设计位置处，脱模剂涂抹于表面，预埋条在混凝土达到初凝时取出，即可成槽。变形缝防水构造做法参见 7.5。

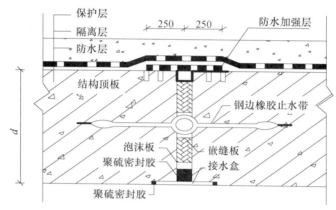

图 7.5　顶板变形缝防水构造做法

（4）预制拼装节点防水

预制方涵构件拼装连接[13-14]有多种措施，包括预应力钢绞线、高强螺栓紧固、承插式接口等方式，重点要做好这些关键工序的验收把关，包括预应力张拉应力及伸长量的双指标控制、高强螺栓扭矩力、遇水膨胀止水条埋设及嵌缝材料的密实性等。其中遇水膨胀止水条的使用最为普遍，在预制方涵构件凹槽内贴一圈遇水膨胀止水条，可以确保预制方涵构件拼接接口处的防水。遇水膨胀止水条参见图 7.6。

图 7.6　遇水膨胀止水条

7.2.2 结构防水施工工艺

7.2.2.1 顶板防水施工

顶板施工流程见图 7.7。

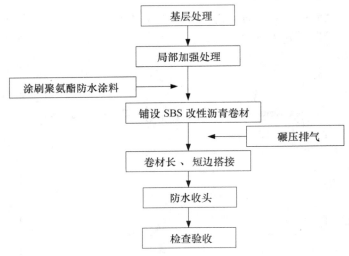

图 7.7　顶板施工流程图

① 基层处理：处理好基面上杂物、浮浆等，若有蜂窝麻面，使用高等级水泥砂浆抹平，洒水润湿干燥基面，及时将明水去除，便于后续卷材铺设。

② 局部增强处理：胎体增强材料用于细部节点处，胎体层用聚氨酯涂料，杜绝露槎、褶皱。

③ 涂刷聚氨酯涂料：分纵横方向涂刮聚氨酯涂料，卷材铺设前在基层表面干、但未完全干燥时分层涂刷，直至达到设计要求厚度。一般涂刮 2~3 遍为宜，第 1 遍不宜涂厚（0.2mm 左右为宜）；一般情况下，在第 1 层涂刷完成 6~12h 后可进行第 2 层的涂刷，分层涂刷时，应控制用力，无漏底、堆积出现。如遇立面涂刷，需选择抗流挂型聚氨酯涂料。

④ 卷材铺设：采取湿铺，与基准线保持齐平，先进行一幅卷材的施工，水泥素浆作粘结剂，随即铺贴下一幅，进行搭接时，揭开两端搭接位置的隔离纸，再粘结在一起。

⑤ 卷材长短边搭接：先撕去隔离膜，若处于低温，用热风枪升温，之后进行干粘。在端部搭接位置上，搭接超出 80mm 宽，且应错出三分之一幅宽。

⑥ 保护层施工：根据设计需求，保护层为聚苯乙烯泡沫板，厚度 50mm，上部及时覆盖土。

7.2.2.2 底板和侧墙防水施工

（1）底板施工工艺流程

底板施工流程见图 7.8。

① 密封处理：采用聚氨酯防水涂料对格构柱等处进行密封加强处理。

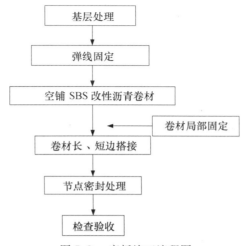

图 7.8　底板施工流程图

② 空铺卷材：由于工程不可避免地出现基面潮湿现象，用空铺的做法比较适合。将有卷材的颗粒防粘层那面向上，与控制线保持齐平，空铺于垫层上，先铺一幅卷材，采取连续铺设，保障搭接完好，避免后续施工出现问题，不利于搭接。

③ 长边搭接：撕开搭接处隔离膜，辊压卷材以至密实，搭接宽度采取 200 mm，见图 7.9。

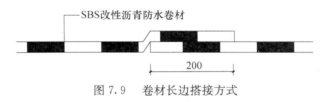

图 7.9　卷材长边搭接方式

④ 短边搭接：短边搭接有普通搭接和对接两种方式。

搭接步骤：a. 使用铲枪铲除下幅 SBS 改性沥青防水卷材搭接部位的胶料和颗粒；b. 自粘胶带贴在需要搭接的地方，约 80mm 宽；c. 揭去隔离膜，把搭接处上下卷材粘起来，辊压卷材以至密实。

卷材短边搭接见图 7.10。

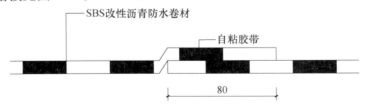

图 7.10　SBS 改性沥青防水卷材短边搭接方式一

对接步骤 a. 在下方湿铺 SBS 改性沥青防水卷材，卷材长为 140mm；b. 将自粘胶带贴于卷材上，上方再铺同种卷材一层；c. 类似地，于湿铺卷材的另侧进行下幅 SBS 卷材的铺贴，用力碾压使黏接牢固。卷材短边对接见图 7.11。

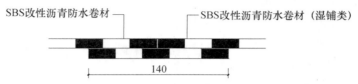

图 7.11　　SBS 改性沥青防水卷材短边搭接方式二

（2）侧墙施工工艺流程

侧墙施工流程见图 7.12。

① 基面处理：类似于顶板施工，清除表面杂物，修补平整表面空洞。

② 侧墙防水选材和卷材搭接等方式基本同底板施工，铺设卷材前需用 1：2 防水砂浆做结构找平。

③ 密封处理：在支架根部 150 mm 内，采用涂抹 1.5mm 厚 JS 聚合物水泥基防水涂料进行密封处理。

④ 射钉固定卷材：将 SBS 卷材铺贴完，在自粘边离卷材边约 10～20 mm 处，射入射钉固定，射钉间距可取 400～500 mm，铺贴下幅卷材时，将钉眼全部覆盖。

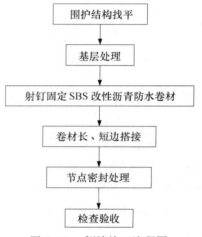

图 7.12　　侧墙施工流程图

7.2.2.3　细部节点防水施工

前文主要结构部位的防水中已对阴阳角、施工缝节点、变形缝的防水构造进行了说明，此处不再赘述，对预制拼装节点中遇水膨胀止水条施工流程叙述如下：

（1）清理预制方涵构件表面：遇水膨胀止水条安装前，混凝土外侧的水泥浆渣及其他杂物通过钢丝刷、油灰刀、毛刷进行清理，保持整洁干燥。

（2）安装遇水膨胀止水条：在安放遇水膨胀止水条的凹槽处先刷一层粘结剂，撕掉遇水膨胀止水条外包裹的隔离纸，在预制方涵构件凹槽内放置止水条。

（3）为实现止水条与混凝土表面紧密贴合且牢固，使用滚筒在遇水膨胀止水条上表面辊压。

（4）当两根止水条进行搭接，将搭接段 6cm 长处斜切或压扁，再上下重合粘结起来，粘实在混凝土外侧。在搭接处，钉入水泥钉在混凝土中部用以固定。假如使用水平错接，错接处保证密实，并打入水泥钉固定。对接时无需打钉，避免"决口"在混凝土浇筑时产生位置错动而形成。

此外，为了保证遇水膨胀止水条铺设质量，以免由于遇水膨胀止水条粘贴不严密导致方涵防水出现问题，进而影响工程质量，需要注意以下事项：

（1）按设计要求合理选取止水条，要求安全可靠。

（2）止水条的安设须根据要求设置，保证其固定性和牢靠性，扭曲现象应不得产生。

（3）止水条不小心打湿时，应即刻晒干之后才可使用，确保止水性能。

（4）预制方涵构件整体止水条应连为一体，搭接长度满足要求、可靠稳妥。止水条的甩搭接口不可在水平方向转角处，竖向甩头选取在高处。

7.2.3 结构防水施工注意事项

7.2.3.1 结构防水控制要点

防水工程是一项系统工程，对施工控制来说，是十分重要的部分，在施工期间需对施工工艺进行严格把控，施工操作合理规范，才能达到预防通病的目的，达到缩减成本、优化质量、加快效率的施工目的。因此，对关键点位的严格控制[15-16]是防水工程的质量保证。混凝土虽然较为密实，但混凝土会因干缩和温差收缩而引起开裂，对结构防水封闭性造成不良影响。补偿收缩混凝土通过限制混凝土的膨胀补偿对收缩进行限制，以处理好混凝土的体积稳定性问题，进而使得开裂风险降低。防水应重点把控结构自防水，严防开裂，需要严格把控原材料、设计和施工等各方面，是一项系统工程。其在防水工程中格外关键，施工中应优化混凝土配合比选择，严密控制施工过程等，相应要点列于表 7.1 中。

表 7.1 结构自身防水控制要点

工程项目	质量控制要求	控制手段
结构自防水	防水混凝土原材料、配合比及坍落度	检查出厂合格证、质量检验报告、计量措施和现场抽样试验报告
	防水混凝土抗压强度、抗渗压力	检查混凝土抗压、抗渗试验报告
	防水混凝土的变形缝、施工缝、后浇带、穿墙管、埋设件等构造	观察检查、检查隐蔽工程验收记录
	防水混凝土结构表面处理、埋设件位置	观察和尺量检查
	防水混凝土结构表面裂缝宽度	刻度放大镜检查
	防水混凝土结构厚度、迎水面钢筋保护层厚度	尺量检查和检查隐蔽工程验收记录
	水泥砂浆防水层原材料及配合比	检查出厂合格证、质量检验报告、计量措施和现场抽样试验报告
	水泥砂浆防水层各层结合情况	观察，锤击检查
	水泥砂浆防水层表面处理及阴阳角情况	观察检查
	水泥砂浆防水层施工缝留槎位置及接槎情况	观察检查、检查隐蔽工程验收记录
	水泥砂浆防水层的平均厚度	观察和尺量检查
细部构造	止水带、止水条、密封材料	检查出厂合格证、质量检验报告、现场抽样试验报告
	变形缝、施工缝、后浇带、穿墙管	观察检查、检查隐蔽工程验收记录
	止水带位置、固定情况	观察检查、检查隐蔽工程验收记录
	接缝处混凝土表面及密封材料	观察检查

下面提出对混凝土自防水的几项建议。

（1）构造方面

① 对比设计配合比，防水混凝土的施工配合比至少高一个等级。

② 裂缝控制宽度：迎水面低于 0.2mm，背水面低于 0.3mm，且不相通。

③ 保护层厚度：混凝土迎水面处应超过 50 mm。

（2）混凝土原材料的要求及掺量

① 采购混凝土原材料选择固定的产地及厂家，确保质量的稳定性。

② 水：采用不含有害物质的清洁水。

③ 水泥：水泥应选取普通硅酸盐类（水化热不高、碱含量低于 0.6%），水泥禁用早强型。胶凝材料总量至少 365 kg/m³，用量至少为 280 kg/m³（除去外加剂及掺合料）。

④ 砂：选取中粗砂，最好为河砂，细度模数范围为 2.6~2.85，砂率范围为 35% ～ 40%，含泥量低于 2%（泥块含量低于 1%）。

⑤ 石：粒径级配范围为 5~25mm，吸水率低于 1.5%，含泥量低于 1%（泥块含量不大于 0.5%），石粉含量低于 1%，合理控制石粉含量，超出范围时采取水洗。

⑥ 粉煤灰：宜选取质量较好，等级高于 Ⅱ 级，三氧化硫含量低于 3%，烧失量 4% 以下，根据试验确定其他材料掺量。

⑦ 膨胀剂：碱含量低于 0.75%，混凝土中碱含量低于 1kg/m³，《混凝土外加剂应用技术规范》GBJ 50119—2013 规定，膨胀剂使用在补偿收缩混凝土中，14d 的限制膨胀率超过 0.015%，自然养护 28d 大于 0.03%。

⑧ 其他外加剂：控制减水剂含量在 1%～1.5% 范围内。

⑨ 泵送剂：控制在胶凝材料总量的 1%～1.5%。

⑩ 通常控制水胶比在 0.45~0.5 的范围内，总碱含量小于 3kg/m³。

（3）混凝土配合比的选用需采取反复试验确定，以验证其抗渗、抗压及限制膨胀率等各项指标。

（4）混凝土施工与养护

① 坍落度宜为 120~160mm。模板密实不跑浆，混凝土的部位有螺栓穿过用于模板的固定时，需采取合理的止水措施。

② 模板在混凝土振捣过程中难免会接触到，应避免漏振、欠振和超振的现象。浇筑完成后，混凝土的养护宜大于 14d，施工期不在冬季时可采取淋水养护，模板的拆除须在养护 5d 后进行。

③ 养护期采用苫盖塑料布保存水分，保温措施为外覆草袋（夏季不采用）。

④ 不宜在暴雨期浇筑混凝土，微雨天气进行浇筑时需采取合理措施确保施工正常进行。

⑤ 施工期在冬季时，混凝土的出机、入模的温度均需控制，结束浇筑进行保温，设专人测温，使得混凝土养护温度得以保障。

⑥ 浇筑混凝土前，合理编制浇筑方案，依据浇筑方案进行施工，对接茬部位的浇筑质量严格控制，使混凝土的连续性得以保证且不发生冷茬，造成漏水。

7.2.3.2 结构防水施工质量控制

（1）保证项目

① 对防水混凝土的原料、添加剂及预埋件的选取，应综合考虑符合设计和有关施工规范及标准规定。

② 防水混凝土应保证其密实性，依据设计方案及施工标准，确定强度，选取抗渗等

级。抗渗试块设置多组，最少为 2 组。1 组采取标准养护，1 组与现场同步养护；养护期通常为 28～90d。

③ 依据设计方案、施工标准设计好细部构造，防止渗水。

④ 混凝土表面光洁，无钢筋漏出、孔洞等不足，预埋件位置的标高准确。

⑤ 项目误差在可控范围内。

（2）质量问题控制

① 蜂窝、麻面：振捣不好、脱模时间不合理、模板未刷油、模板接缝不严密造成跑浆均是其产生原因。处理方法是充分进行振捣，合理把控脱模时间，浇筑前应将模板刷油，使得模板润滑，模板拼接牢固，防止空隙出现。

② 孔洞：因漏振产生。混凝土在管道、预埋件和钢筋较多处的浇筑存在困难，混凝土浇筑宜选用相同抗渗标号。处理方法是剔除松散的石子，处理部位用水冲洗后，孔洞处采用豆石混凝土封堵，其标号比原标号高一级且掺入防水剂，且振捣充分细致，浇筑完成 2d 后进行浇水养护，至少养护 7d。

③ 渗水、漏水：通常因为未处理好施工缝接口或浇筑时漏振，混凝土中水的添加不合理、水灰比不合理等造成。控制加水量，合理振捣并处理施工缝。

④ 穿墙过管应预埋套管，一次浇灌完成，不能二次浇灌。

⑤ 依据规范对穿墙螺栓的端头进行处理。

⑥ 确保变形缝、止水带位置准确，搭接完好。

7.3　城市预制拼装式地下管廊材料防水技术

7.3.1　主要防水材料

由于预制方涵构件的防水设防等级为二级以上，针对预制方涵构件的结构特点、功能需要、使用年限及结构迎水面防水修复难度大的问题，施工时可优先选择高分子类防水涂料、高聚物改性沥青防水卷材，形成复合防水系统[17]。预制方涵构件的主体结构一般采用两道柔性防水材料在结构迎水面处。柔性防水系统也较为常用，即联合使用强度大的卷材与涂料共同构成的复合防水层。

在主体结构之外，细部构造[18]如变形缝，应采取中埋止水带、外贴式止水带、防水密封等至少三种方式进行防水，施工缝采用钢板止水带、遇水膨胀止水条等两种以上防水措施。

地下预制方涵构件防水施工中所用到的材料有防水卷材、防水涂料、非固化涂料、钢板止水带、中埋式钢边橡胶止水带、聚合物水泥砂浆、遇水膨胀止水胶条、聚苯乙烯泡沫板、混凝土等；按照现行技术标准[19-21]使用各类防水材料，再根据相关规范进行进场抽样检验。

（1）防水混凝土

防水混凝土等级采用 C40，选用石子应结构坚硬、级配良好、表面干净；考虑泵送管径，选定粒径最大值，通常低于 40mm，约是四分之一管径；吸水率低于 1.5%；碱活性骨料不应选用。

（2）防水卷材

高分子类、高聚物改性沥青防水卷材是防水卷材的首选，具备高强度的抗拉性能、良好的耐久性、施工成熟可靠，防水效果能够有效保证。卷材的耐候性应较好，能够承受光、热、臭氧等作用，抗渗和耐酸碱性能良好，对外在温度和作用力适应性较强，即材料具备高强度的拉伸性，高断裂伸长率，对因温差以及各项外力和基层伸缩、开裂导致的变形具备良好的承受能力，很好的整体性，不但维持自身的黏结性，紧贴基层，且当外力存在时，剥离强度较高，整体不透水性较好。

（3）防水涂料

工程使用时，通常采用多种防水材料，使得防水更好，打底使用 JS 聚合物水泥防水涂料，再涂抹聚氨酯防水涂料。JS 防水涂料，成分为合成高分子聚合物材料及无机材料，具备弹性高、耐久性优良等优点。白色聚氨酯涂料有效杜绝焦油、古马隆等有害成分，清洁环保，对环境无负担。两防水涂料结合使用可使防水效果更上一层楼，侧墙和顶板刮涂非固化涂料，形成整套防水层，增强管廊的防水效果。

（4）遇水膨胀止水胶条

此产品为一种新型橡胶，包含腻子型止水条和制品型止水条，前者具有遇水膨胀作用。与普通橡胶相比，具有较为突出的特点和优异性，此类橡胶接触水后膨胀变形高达2～3倍，对表面不规整、空洞及间隙进行填充密实，产生的接触压力也很大，渗漏可以得到有效防止。若接缝或施工缝处产生错动，导致间隙大于材料的弹性变化限度时，普通型橡胶止水材料难以维持防水效果。但此种材料仍可利用吸水膨胀进行防水。堵水密封止水材料选择遇水膨胀橡胶，不但节省材料，也可防止普通弹性材料由于压缩较大而导致材料弹性疲劳，保证良好的防水效果。它是一种兼有一般橡胶产品功能和遇水膨胀的新型防水材料，相比较普通橡胶止水、防水效果更加安全可靠。

地下预制方涵构件防水中，预制方涵构件凹槽内贴一圈遇水膨胀止水条，可以确保预制方涵构件拼接接口处的防水，达到"遇水止水"的效果，防止地下管廊内发生渗水，保护管道内的电缆、管线等。止水条示意参见图 7.13、图 7.14。

图 7.13　预制方涵构件接口放置遇水膨胀止水条

图 7.14　遇水膨胀止水条

产品具有如下特点：

① 浸水膨胀，"以水止水"。

② 膨胀较慢，在水中浸泡 186h 后，膨胀率低于其最大值的一半。

③ 施工方便，价格低廉。

④ 无毒无污染。

⑤ 长期浸水时没有溶解物析出。

⑥ 对比其他亲水膨胀止水带，其显著特点是经过长时间的反复膨胀后仍然具有亲水膨胀性。

7.3.1.1 防水卷材

地下综合管廊预制方涵构件防水卷材的选用需综合考虑抗拉强度高、耐久性好、施工成熟可靠的防水卷材。针对不同部位铺设合适的卷材。预制方涵构件可以建议使用高聚物改性沥青防水卷材，具有高延伸率，能够使防水层紧密地包覆混凝土基层，窜水层可以有效防止其产生。气温低时，具有较好柔性，－25℃仍不断裂，耐热性好，90℃仍不溶，良好的延伸性，可长期使用，方便施工，无污染等特点。在Ⅰ、Ⅱ级建筑防水工程中广泛使用，特别适用在严寒区域和结构频繁变形的工程。

预制方涵构件的防水卷材的选用目前主要采用以下几种：

（1）合成高分子类防水卷材

此类材料众多，下面选取常用的几种加以介绍。

HDPE 卷材接触液体混凝土后产生反应，在后浇混凝土上紧密粘贴，牢牢地与结构层形成一体，避免因后浇混凝土，普通材料在混凝土固结后分离，导致水分渗入。该种卷材还具备良好的自愈性能，抗碱、防腐蚀，是针对地下工程研发的。

TPO 自粘防水卷材广泛应用于欧美。此类材料适应环境能力强、焊接性好。常温时，具备橡胶较佳的弹性，还能耐酸、碱，抗腐蚀，性能优异。考虑预制管廊易变形，特别适合使用此类材料。

三元乙丙橡胶防水卷材（EPDM）使用广泛，应用灵活，挤出半成品的质地优良、密实、规格易改变。挤出机的场地需求低、质量小、设备构造简单、生产速率高、成本不高、产量高。具有较好的耐老化性，能长期使用（30～50 年），弹性和拉伸性能均较佳，拉伸强度超过 7MPa，断裂伸长率高出 450%，满足基层变形及开裂需要。此类卷材高低温均适用，可低至－45℃的脆性温度，良好的耐热性（＞160℃），不易产生热收缩。耐腐蚀，较好的绝缘性，质轻，单层铺设可采用冷粘法，便于施工，对环境几乎无影响。但不够柔软，在基层粗糙及表面不规则处很难铺贴，对基层、接缝的粘结技术提出较高的要求。

氯化聚乙烯（CPE）防水卷材，成分为氯化聚乙烯树脂，掺入多种外加剂，经过提炼、成型、硫化等工序产出。该类卷材有着较佳的拉伸性、延伸性和耐老化性、耐腐蚀性、能较好和便于采用胶黏剂进行胶粘等特点，使用配套胶粘剂可保证搭接缝粘结的可靠性。对环境温度的适应性良好。

（2）高聚物改性沥青防水卷材

SBS 防水卷材进行改性后，品种繁杂，可外铺于管廊。此类卷材通过固化粘结于基层，接缝处易裂开，考虑 SBS 防水卷材较多种，可根据工程所处的不同环境选择不同的类型，主要采用热熔施工，而热熔施工工艺相对较为复杂。聚酯胎自粘聚合物改性沥青防水卷材，可根据不同条件选择自粘或预铺反粘法施工，当顶板基面不干燥时，部分区域可进行湿铺，由于其施工灵活，在管廊工程中具有很大的发展前景。

结合日照市预制装配电力管廊项目工程案例的具体防水卷材选用，参照实际工程采用 SBS 改性沥青防水卷材的施工对地下综合管廊防水卷材施工工艺和注意事项加以说明。

SBS 改性沥青防水卷材，胎基采用聚酯毡或玻纤毡，浸涂层使用沥青，SBS 热塑性弹性体作为沥青改性剂，隔离材料粘结于两面，通过材料选择、材料配置、共熔、浸渍、复合成型、卷曲等加工步骤制成的防水材料，其性能具有很强的优越性，具有炎热及寒冷条件均适用，抵抗腐蚀及老化，良好的热塑性，抗拉、延伸率好，抗撕裂等优点。

① 产品应用

产品应用十分广泛，主要在工业及民用建筑的屋面、地下工程及建筑的盥洗室等，还有道路、桥梁、隧道、停车场等处防水。聚酯胎产品因其良好的延伸性宜用于结构变形较大的工程，考虑经济问题，其他建筑可选取玻纤胎产品。产品对 Ⅰ、Ⅱ 级建筑工程进行防水较为适用，特别适用于对于严寒地区及频繁发生结构变形的建筑进行防水。

② 产品特点

a. 该产品具有超强的抗撕拉性和抗穿刺性，卓越的抗点拉力强度。

b. SBS 改性沥青防水卷材具有优良的尺寸稳定性和抗双向耐撕裂性能。

c. 该产品对高温适应性较好，使用温度范围在 $-25 \sim 100℃$。

d. 有效抵抗化学腐蚀，避免混凝土浆内碱水的影响，避免各种垃圾及生物危害，有效防止霉变和腐蚀。

e. SBS 改性沥青防水卷材使防水层与结构基层形成牢固的粘结，从而达到防水、防渗的效果。

f. 该产品采取冷施工，绿色可靠、不污染环境、确保安全。

g. 对高、低温适应性好，在炎热和严寒区域均可使用。

h. 根据施工部位和基层条件，可选择湿铺、干铺、空铺和预铺反贴等方法进行施工。

i. 对基层要求低，天气对施工影响小，对于雨期及赶工期时有明显施工优势。

7.3.1.2　防水涂料

实际工程使用时，通常将多种防水材料结合使用。防水涂料的作用机理就是产生防水涂膜在水泥基面上，对明水和水蒸气起到有效的隔绝作用，形成有效的防水膜，阻挡水分穿透，根据原料和配比的不同，防水涂料也可以表现出不同的特性。下面对几种常用防水涂料进行相关介绍。

（1）聚氨酯防水涂料

聚氨酯防水涂料有着诸多优点，如强延伸性、拉伸强度高、优良的低温柔性、抗渗性和粘结性、施工便捷等，广泛使用于屋面、地下工程与厨卫等工程防水。20 世纪 30 年代，德国、英国、法国等欧洲国家首先研究、开发与推广使用了这种新型防水材料。随后，美国、日本等也开展了这方面的研发。

聚氨酯防水涂料可分为单、双组分。单组分又称湿固化聚氨酯防水涂料，涂刷在防水基层，遇到空气里水分进行反应，凝固生成牢固、柔性、整体的橡胶膜。双组分是高强聚氨酯防水涂料。甲组分为聚醚和异氰酸酯缩聚形成的异氰酸酯封端的预聚体，乙组分为彩色液体，掺入增塑剂、固化剂、增稠剂、促凝剂、填充剂。将甲、乙两组分根据比例混合使用，涂于基层表面，温交联固化产生的橡胶弹性膜，具有弹性强、强度高、耐久性好等优点，可达到防水效果。

由于单组分材料施工简易方便，能确保材料的质量，双组分的材料效果受比例影响，难保证材料的质量，综合考虑很多工程选择单组分聚氨酯防水涂料，产品具有以下优点：

① 强度大、延伸率极佳、能很好地粘结。

② 流平顺畅，延伸性良好，可避免基层裂缝产生渗漏。

③ 常温可涂抹，施工方便，安全可靠，具有较好的耐候性、耐老化性。

④ 对比双组分聚氨酯防水涂料，无需计量拌和，使产品质量和防水效果得以保证（表7.2）。

表 7.2　单组分聚氨酯防水涂料主要技术性能指标

序号	项目		指标	
			Ⅰ型	Ⅱ型
1	固含量		≥80%	
2	干燥时间	表干	≤12h	
		实干	≤24h	
3	拉伸强度 MPa≥		1.9	2.45
4	断裂延伸率%≥		550	450
5	不透水性 0.3MPa，30min		不透水	
6	低温弯折性℃		≤−40	
7	潮湿基面粘结强度ᵃMPa≥		0.5	

a. 仅用于地下工程潮湿基面时要求。

① 产品应用

应用较广，如地下工程、露台、隧道、屋面等，也用于楼层墙壁的水泥基层的防水处理及进行地下工程潮湿基面防水处理。

② 产品特点

a. 对基面干湿情况要求低，可直接施工。

b. 与基面粘结牢靠，高分子物质经基面细小缝隙渗入，粘接强度较高，可实现与混凝土、木材、陶瓷等完美地粘结在一起，还可粘结某些高分子卷材。

c. 涂膜柔性好，性能不受基层变形影响。

d. 安全可靠，无毒无味，对环境影响小，不伤害人员健康。产品去除了煤焦油，对环境的污染大幅减少。

e. 耐候性能好，高温、低温均适用，抗老化性能较强，对油、摩擦、臭氧、酸碱侵蚀有着较强的抵抗能力。

f. 良好的整体性，凝成弹性佳、无缝的整体后，防水抗渗能力得到大大提高，这是卷材防水难以达到的；涂膜紧密，整体性好，水蒸气难以渗入，防水与隔气性能好。

　　g. 施工便捷，时间短，质量小，对建筑物承担荷载无影响。

（2）JS 聚合物水泥防水涂料（表 7.3）

　　JS 防水涂料，全称为聚合物水泥基防水涂料，由双组分（液料、粉料）制成，液料为合成高分子聚合物乳液（如聚丙烯酸酯、丁苯橡胶乳液）及多种添加剂相结合并加以优化得到，粉料为特种水泥、级配良好的砂，此类防水涂料既有合成高分子聚合物材料弹性强的特点，且具备无机材料良好的耐久性。

　　有机聚合物成膜后，柔性极佳，表面有延展性，同时还具有美化作用，不过耐老化性差。水泥是一种水硬性胶凝材料，可较好地粘结在未干燥的基面上，有效抵抗潮湿，抵抗压力高，但柔性较差，两种综合使用，相辅相成，相互完善，加强其抗渗性和抗压能力，实现优异的组合性能，防水效果极佳。

表 7.3　JS 防水涂料配方

组分	项目	基本规格	质量份
液料	防水乳液 Vivid-402	55%	275
	消泡剂	20%	13
	分散剂 SD-900	40%	8
	润湿剂	50%	7
	水		30
粉料	石英砂	80～120 目	122.5
	石英砂	120～200 目	122.5
	重质碳酸钙	500 目	30.0
	水泥	42.5R	392.0

① 产品应用

a. 多种混凝土结构、基层抹面、轻质砖墙结构。

b. 地下建筑、隧道、车站、矿道、人防工程、地基工程。

② 产品特点

a. 浆料内活性成分可达水泥基面毛细孔及微小裂缝，并引起化学反应，在底材内部形成结晶，进而得到密实的防水层。

b. 极小的裂缝也能进行覆盖（低于 0.4mm），对微弱的震荡有抵御作用。

c. 施工不受基面干湿条件限制，不用设保护层。

d. 过底材空隙渗入结晶体，很好地抵抗渗水和压力，起到防水效果。

e. 可在饮水池和鱼池使用，无不良危害；可抑制霉菌的生长，也可避免潮气盐份污染饰面。

7.3.1.3　非固化涂料

　　分区段进行喷涂作业，提前完成遮蔽工作，每一作业幅宽应超过无纺布宽度 300mm。调试喷涂施工专用加热设备，达到可喷涂温度后，启动喷涂设备。确定好喷嘴与基面距离、角度及喷涂压力后，按照设计要求，将侧墙、顶板多次喷涂，喷涂时不断调整方向。涂膜接茬时，重叠宽度 30～50mm 为宜；喷涂完毕后，使得表面平整、底面完全覆盖且厚度均匀的效果。

7.3.1.4　防渗材料所需器具设备

如何把防渗材料完美无瑕地运用到预制方涵构件防水中也是极为关键的一步，因此，需要各种类型的器具设备配合施工来实现这一目标，包含如下设备：喷膜机、喷枪、空压机、电动搅拌器、手持式砂轮机、折叠平板手推车、瓦斯射钉枪、滚刷、压辊、插入式振捣器。

器具设备配套措施见表 7.4。

表 7.4　器具设备配套措施

序号	器具名称	数量	单位	备注
1	喷膜机	2	台	用一备一
2	喷枪	1	把	另应备喷嘴若干
3	空压机	1	台	
4	电动搅拌器	2	台	兼做冲击电钻
5	手持式砂轮机	2	台	打磨及处理基面
6	折叠平板手推车	1	台	
7	瓦斯射钉枪	2	台	本工程仅为备用
8	滚刷	20	把	防水施工
9	压辊	10	把	防水施工
10	插入式振捣器	16	台	混凝土施工

7.3.2　施工要点

7.3.2.1　施工工艺流程（图 7.15）

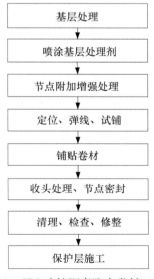

图 7.15　SBS 改性沥青防水卷材工艺流程

（1）基层清理，润湿

基层表面的尘土、杂物需用扫帚、铁铲等进行处理，基面如果存在明水，在施工前要进行清理。基面干燥要适量洒水。

（2）细部构造密封、加强处理

细部构造处理应按规范要求，对节点部位进行加强处理，转角、变形缝、施工缝、穿墙管等处应做加强处理，宽度宜为500mm。

（3）定位、弹线、试铺

定位应依据施工现场实际情况进行，要将卷材平铺，然后在基面上弹控制线，试铺卷材的施工方向应从流水方向按照由低向高进行施工。

（4）涂刷冷底子油

热粘贴铺设沥青卷材通常选用冷底子油用做基层处理剂。根据卷材选择冷底子油的种类。涂刷时要保证薄而均匀、无麻点、无气泡，也可采用机械进行喷涂。当基面较为粗糙，在进行铺设的前1~2d，要在其上涂刷一层挥发性较小的冷底子油，待其干后，在其上在进行涂刷一层挥发性较快的冷底子油，且要保证油层的干燥、无灰尘。

（5）大面铺防水卷材

① 试铺隔离纸。在进行铺设前要进行试铺，且试铺时要将其反铺于基面上，方便剪切合适尺寸和揭去隔离纸。

② 水泥凝胶的涂抹。水凝胶的涂抹厚度应根据基层的平整度进行选取（常为1.5~2.5mm），且在涂抹时，水凝胶的涂抹宽度要宽出各边100~300mm，且要将其压实、抹平，保证平整度。

③ 铺设防水卷材。将隔离纸揭去并铺设于涂刷了水泥凝胶的基层上，卷材之间进行平行搭接，在长、短边搭接结束时，揭去上下卷材隔离纸。参见图7.16。

图7.16 卷材铺设

（6）辊压、排气

卷材铺设结束后，在中间部位利用木抹子或橡胶板、辊筒等工具向两侧辊压，使得内部空气挤出，进而卷材实现在基面上满粘。下一幅卷材进行铺设搭接时，掀起底部卷材搭接处的隔离纸，精准地完成上层卷材与控制线搭接，平整贴合下层卷材，辊压排除空气，实现满粘。参见图7.17。

图 7.17　卷材辊压、排气

（7）卷材搭接，收头密封

在去除上下层卷材进行搭接位置的隔离纸以后，将上下层用水泥凝胶进行涂刷，然后再进行搭接，且水泥凝胶的涂刷要超出 80mm 的搭接宽度。搭接时间的选择应为完成卷材铺设的 24h 之后再进行。搭接时，除去搭接边处的泥浆等杂物，揭去上、下层卷材搭接隔离膜（短边隔离膜可留下），热风枪同时进行加温及粘贴。参见图 7.18、图 7.19。

图 7.18　卷材封边

图 7.19　卷材的搭接

（8）成品保护

施工期间时刻注意对防水卷材的保护，避免卷材出现破坏裂开及划伤，及时清除施工区域内的钢筋头等较为锋利的杂物。防水卷材上不得直接放置铁锹或刮板等工具，避免造成部分卷材出现破洞或划伤。用铁抹子进行保护层砂浆涂抹时，需注意不要划破卷材而导致漏水。依据现场温度确定晾放时间，通常为 1～2d，温度升高时间相应缩短。防水层不得在天热时暴晒，其上应覆盖遮阳布、草席等，施工期间需特别注意以下几点：

① 施工人员不得穿硬底、高跟或鞋底纹路尖锐的鞋子进行施工，防止对完成施工的防水层造成破坏。

② 如发现卷材表面已经破坏要及时修补。

③ 及时采取相应的措施对完成施工的防水层进行保护,防水层上不得堆积物品或进行物品运输。

④ 施工区域内不得吸烟,以免烟头烫坏卷材。

⑤ 搭接不够、粘结难以紧密、接槎破坏等问题在卷材搭接时常发生,弹标准线应符合程序,考虑卷材规格,铺贴应与线对齐,使卷材搭接尺寸满足要求。

⑥ 施工人员应认真保护已做好的防水层,严禁施工机具等戳破防水层。

⑦ 卷材施工完毕及隐蔽验收后应立即进行防水保护层的施工。

⑧ 严禁用尖锐硬物刻画防水卷材,在防水层附近进行土方夯填时应采用平板夯,不得使用蛙式打夯机,以便夯实的控制。

⑨ 禁止在防水层附近燃烧物品。

(9) 保护层施工

完成卷材防水层的施工,经检查验收合格后,进行下一工序的施工,底板及顶板处保护层均为 50mm 厚度的 C20 细石混凝土,侧墙选用 20mm 厚的 1:2.5 水泥砂浆,覆以 60mm 厚聚苯板防护,施工时应注意防水层已经通过隐蔽验收和施工过程中的成品保护。

保护层施工时应注意对防水层的成品保护,严禁小车直接推上防水层,注意保护防水卷材。保护层的厚度要均匀,表面保持水平。外墙施工保护层的,在施工过程中应注意硬物不能碰伤卷材,保护层施工至室外 +0.50 时,注意用嵌缝密封膏将缝隙塞严。

7.3.2.2 材料防水施工要点

材料防水指的是防水卷材和防水涂料的综合使用,材料防水在防水工程中也是重要一环,适用于大多数防水施工工程措施。在目前工程应用中往往采用几种防水材料联合应用的方法,选用的防水材料宜为抗拉强度高、耐久性好、施工成熟可靠的高聚物改性沥青类卷材或高分子类防水卷材。当然,也需选用材性相容的高强度卷材与涂料形成的复合防水层作为柔性防水系统。

材料防水控制要点列于表 7.5。

表 7.5 材料防水控制要点

工程项目	质量控制要求	控制手段
卷材防水层	卷材的主要配套材料	检查出厂合格证、质量检验报告、现场抽样试验报告
	防水层及其转角处、变形缝、穿墙管等细部做法	观察检查、检查隐蔽工程验收记录
	防水层基层处理、阴阳角处理	观察检查、检查隐蔽工程验收记录
	防水层的搭接缝处理	观察检查
	侧墙卷材防水层的保护层	观察检查
	卷材搭接宽度及搭接密封性	卷材搭接宽度及搭接密封性
	卷材收头密封处理	观察检查

工程项目	质量控制要求	控制手段
涂料防水层	涂料防水层	检查出厂合格证、质量检验报告、计量措施、现场抽样试验报告
	防水层及其转角处、变形缝、穿墙管等细部做法	观察检查、检查隐蔽工程验收记录
	防水层基层处理、阴阳角处理	观察检查、检查隐蔽工程验收记录
	涂料防水层与基层粘结、表面施工情况	观察检查
	涂料防水层厚度	针测法或割取 20mm×20mm 实样用卡尺测量
	侧墙涂料防水层的保护层	观察检查

7.3.2.3　防水卷材施工要点

（1）检查基层处理情况

① 基层表面检查时，表面应平整、干净、干燥，不应有空鼓、疏松、脱皮等不良现象。

② 目视检查基层是否存在不平整或凹坑较大的情况，应考虑用水泥砂浆找平基层表面。

③ 对基层平、立面交接处的阴阳角进行检查，阴阳角是否均匀一致，平整光滑的圆角，且检查圆弧半径大小，半径应不小于 50mm。

④ 对基层表面检查是否有尘土杂物，应对阴阳角、管根部的污渍、铁锈进行重点检查、重点清理。

⑤ 对穿出基层的构件进行检查，确认是否所有构件已安装完毕。

（2）检查涂刷基层处理情况

目视检查基层表面是否均匀涂刷，是否有渗漏或底部露出的情况。为了施工安全，要在基层达到干燥程度（一般以不粘手为准）后，选用热熔施工方法，可有效避免火灾。

（3）检查细部附加增强处理情况

① 通过对转角处、阴阳角部位以及其他一些细部节点检查情况，确定是否应当做附加增强处理，并对附加层的宽度大小进行检查是否在规定的 500mm 以上，以及检查平立面是否平均展开。

② 检查附加层有无空鼓，是否压实铺牢。

（4）复核弹线情况

对已完成的基层表面，对搭接缝尺寸进行检查，施工单位是否按照规范要求留出搭接缝尺寸。

（5）检查卷材铺贴质量

① 检查卷材是否辊压粘结牢固，是否有空鼓、皱褶现象。

② 检查搭接缝及收头的卷材是否做到均匀铺设，以及检查位于搭接处卷材间的沥青施工，是否做到密实熔合。

③ 检查铺贴后的卷材是否平坦、顺直，以及检查搭接尺寸是否无误，是否存在卷材扭曲现象。

④ 检查第二层卷材铺贴情况。等对第二层卷材自检合格后，应按照有关规范向监理单位报送验收，经多方验收合格后方可进行下一道工序施工。检查不合格的，应当及时处理。

7.3.2.4 防水涂料施工要点

(1) 检查基层处理情况

① 基层表面检查时，表面应平整、干净、干燥，不应有空鼓、疏松、脱皮等不良现象。

② 目视检查基层是否存在不平整或凹坑较大的情况，应考虑用水泥砂浆找平基层表面。

③ 对基层平、立面交接处的阴阳角进行检查，阴阳角是否均匀一致，有无平整光滑的圆角，且检查圆弧半径大小，半径应不小于 50mm。

④ 对基层表面检查是否有尘土杂物，应对阴阳角、管根部的污渍、铁锈进行重点检查、重点清理。

⑤ 对穿出基层的构件进行检查，是否所有构件已安装完毕。

(2) 检查涂刷基层处理剂情况

(3) 检查涂膜防水层

① 检查涂膜是否分遍数完成，前遍干燥成膜后方可进行下遍施工。

② 检查涂刷的方向是否按照每次刷涂交替改变，按规范检查在同一层涂膜的搭茬宽度。

③ 目测检查接涂前是否将甩茬处理干净。

④ 一布五涂施工时，第二道涂料作为加筋布的粘贴剂，边刷涂料边贴布，检查加筋布是否及时铺贴平直，局部凹凸处空鼓是否用涂料粘实。检查加筋布长边、短边搭接尺寸是否满足规范要求。

(4) 检查涂料成品保护情况

① 除底板、侧墙外，及时对防水卷材施工完毕的部位进行蓄水试验，检查是否有渗漏情况，是否满足防水设防要求。

② 在室外或干燥环境下，检查施工单位是否及时进行养护，避免涂层失水而凝结不牢固。

③ 检查卷材防水层施工完成后按照规范及设计检查是否做保护层，且要对完工后的卷材进行保护，避免对保护层的施工质量造成影响。

7.3.3 材料防水的质量控制

7.3.3.1 质量标准

(1) 保证项目

① 防水材料的材质以及其级别必须达到设计要求与规范要求。

② 防水层的厚度符合设计要求，施工方法及节点处理符合设计要求及规范要求。

③ 涂料配制应符合技术要求。

④ 防水层表面应平整，不得有皱折，以及防水层不存在渗漏现象。

⑤ 在阴阳角处设置加强层，按设计规范要求规定尺寸进行铺设。

⑥ 施工过程应进行中间检查，应有自检记录。

（2）基本项目

混凝土表面平整，无露筋、蜂窝等缺陷，以便防水涂料的施工。

7.3.3.2 质量问题控制

管廊防水施工过程要抓好以下质量控制[22-23]环节：

（1）防水层施工时，应当按规范要求整齐铺设，对皱折的地方进行相应的处理。

（2）验收顶板防水层施工合格后，为避免因回填碾压对防水造成损伤，应及时铺设隔离层。

（3）为避免作业时对防水层造成破坏，应当采取相应保护措施，一旦防水层发生破坏时，应及时进行修补。

（4）防水涂料进场时应当进行严格的质量控制。

（5）防水涂料采用分级涂刷的方法，均匀涂刷，不能有漏刷的施工现象。按设计要求施工达到涂膜总厚度。

（6）在防水涂料施工完后，为避免遭到破坏，按设计要求及时做好保护层。

（7）注意对施工环境的相应控制，为保证材料搭接处的施工质量，应避免在特殊天气下（下雨、下雪、大风或天气较冷等）进行作业。

对管廊进行防水施工、对地下综合管廊的使用年限以及安全使用有着重要影响，不同施工条件会对防水的要求有所不同。因此在防水设计过程中要充分考虑当地实际情况，加强控制，确保防水工程正常使用，从而保障地下综合管廊的防水施工要求。

7.4 防水施工技术优势及要求

7.4.1 防水施工技术优势

分别从防渗技术的材料、工艺、技术等方面研究预制方涵构件防水技术，提出并制定新型预制方涵构件渗水防治施工工艺，其防水技术优势如下：

（1）本技术解决了复杂水文地质条件下，较高地下水位的防水问题，防水质量可靠。

（2）本技术采用的是多种措施的多重防水技术，有效地保证了防水效果。

（3）本技术通过对结构缝的处理，并依据不同的结构缝形式，可以使结构内外完全隔气隔水。

（4）本防水施工技术操作设备简单，容易掌握，且施工速度快，不受基层的复杂形状限制，其防水涂料可通过顶板从而渗入到基层的封闭孔隙，对预制方涵构件具有补强作用。

（5）本技术的复合防水可形成一个整体的无接缝的封闭层，所以可以隔绝外界的雨水、腐蚀性气体、潮气等的侵害。

（6）本技术所使用的涂料防水技术能耗低、无污染、耐久性好，是一种高科技绿色环保产品。

7.4.2　防水施工技术要求

预制方涵构件防水"重在预防，重在过程控制"。在加快施工进度的同时加强综合管廊的整体性，大大减少了防水隐患产生，通过在预制方涵构件变形缝、施工缝、拼装节点等防水环节薄弱处进行处理，在使用过程中针对发生的渗漏现象能及时采取注浆措施进行处治。

（1）防水材料架空存放，离地不小于 20cm，采用棉被覆盖等防冻措施，防水卷材存放地点严禁有水。

（2）在进行防水层施工之前，穿墙或者穿板管道以及预埋件等提前安装固定完毕，从而防止打洞凿孔对防水层造成破坏、留下隐患。

（3）在进行防水层施工时，其基面应保持平整、清洁、干燥、没有较多麻面、以及浮杂的污物；其阴阳角位置应为顺直的圆弧形。

（4）在进行验收时，应在防水层施工完毕后及时进行，且要保证隐蔽，避免对其进行长时间暴晒。

（5）对于基层处理剂的涂抹要用力均匀薄涂，且保证无漏底与堆积现象。待其干燥后要及时铺贴卷材，避免其上落灰，否则需重新涂刷。

（6）在进行自粘防水卷材的铺贴时，其卷材收口处要进行临时的密封，以减少水分从立墙收头位置快速散失。

（7）在进行大面卷材的粘贴时，其背面搭接部位的透明隔离膜不应过早揭掉，避免影响后期的粘结。

（8）当进行卷材的立面施工且卷材片幅较大时，应采用适当的固定措施进行固定。

（9）自粘防水卷材施工时，保证施工温度不低于 5℃，否则应使用汽油喷灯对搭接边进行预热，雨雪天气及 5 级风以上的大风天气不得进行施工。

（10）铺设基面不得有明水，若有渗点必须进行堵漏处理。找平层施工时保证施工气温不低于 5℃。

（11）在环境温度平均低于 −10℃ 时不宜进行施工。

（12）冬期进行防水工程施工应选择无风晴朗天气进行，并依据使用的防水材料控制其施工气温界限，以及日照条件提高面层温度。

参考文献

[1] 施卫红. 城市地下综合管廊发展及应用探讨 [J]. 中外建筑，2015（12）：103-106.

[2] 田强，薛国州，田建波，郑立宁. 城市地下综合管廊经济效益研究 [J]. 地下空间与工程学报，2015，11（S2）：373-377.

[3] 杨家亮，韦玮. 城市地下综合管廊结构的设计和施工研究 [J]. 工程建设与设计，2017（06）：19-20.

[4] 李辉. 城市地下综合管廊防水的设计与施工方法 [J]. 科技经济导刊，2016（14）：55-56.

[5] 张勇，张立. 城市地下综合管廊防水设计要点综述 [J]. 中国建筑防水，2017（24）：14-19.

[6] 董璐，张兴刚，胡伟，张远，鲜奇瑞. 刚性结构自防水施工技术质量控制措施 [J]. 商品混凝土，2014（07）：59-61.

[7] 侯正国，夏葵，黄尚珩，杨成凯. 预制综合管廊接缝处防水施工技术 [J]. 建筑安全，2017，32（11）：35-39.

[8] 李海龙，何矍，陈博，钟燕，郑琳琳. 综合管廊变形缝防水设计与施工技术 [J]. 施工技术，2017，46（21）：59-62.

[9] 陈柱先，刘永祯. 预制拼装城市综合管廊防水技术探讨 [J]. 中国建筑防水，2017（22）：34-37.

[10] 刘明刚. 城市地下综合管廊防水设计与施工 [J]. 低碳世界，2017（10）：270-271.

[11] 胡翔，薛伟辰，王恒栋. 上海世博园区预制预应力综合管廊接头防水性能试验研究 [J]. 特种结构，2009，26（01）：109-113.

[12] 焦勇强，史长城，索告. 整体预制拼装式综合管廊接头型式与防水构造探讨 [J]. 混凝土与水泥制品，2018（03）：35-38.

[13] 孔祥臣. 预制拼装综合管廊接头防水性能研究 [J]. 中国建设信息，2012（11）：50-51.

[14] 严林. 预制拼装综合管廊发展现状及接头防水密封性能的探讨 [J]. 混凝土与水泥制品，2017（01）：31-34.

[15] 石立国，吴殿昌，罗丁，湛楠，王一凡. 综合管廊防水设计与施工技术 [J]. 施工技术，2017，46（21）：55-58.

[16] 杨爱良，方金瑜，舒望. 综合管廊防水施工要点技术综述 [J]. 新型建筑材料，2016，43（02）：71-73.

[17] 吴殿昌，罗丁，湛楠，王一凡. HDPE 在地下综合管廊防水工程中的应用 [J]. 施工技术，2017，46（21）：63-65+80.

[18] 刘金景，陈晓文，吴士玮，齐桂杰. 城市地下综合管廊工程防水技术应用探讨 [J]. 中国建筑防水，2016（08）：18-22.

[19] GB/T 19250—2013. 聚氨酯防水涂料 [S]. 2013.

[20] GB/T 23445—2009. 聚合物水泥防水涂料 [S]. 2009.

[21] GB/T 23457—2009. 预铺/湿铺防水卷材 [S]. 2009.

[22] 王恒栋. GB 50838—2015.《城市综合管廊工程技术规范》解读 [J]. 中国建筑防水，2016（14）：34-37.

[23] GB 50208—2011. 地下防水工程质量验收规范 [S]. 2011.

8 城市预制拼装式地下管廊防腐技术

地下综合管廊的防腐也是管廊施工中重要的一环，预制方涵构件长期处于地下潮湿环境中，地下水及土壤中的侵蚀性离子对地下预制方涵构件有着极大的腐蚀作用，特别是当防腐工程处于濒海滩涂地带，由于复杂的工程地质情况，如地层较松软，地下水含量较多，且多以海水为主，带有腐蚀性的 Cl^-，SO_4^{2-}，Mg^{2+} 在海水中含量丰富，将会对地下预制方涵构件造成腐蚀。发生腐蚀比较严重的部位都在混凝土的迎水面的位置[1]。因此对预制方涵构件表面采取防腐措施显得尤为重要。

在潮湿的环境中预制方涵构件容易发生渗水、氧化等现象，经常出现预制方涵构件在潮湿的环境中由于混凝土吸水造成构件表面混凝土鼓胀现象，甚至造成混凝土剥落致使混凝土面显露钢筋等，当混凝土保护层厚度不大时，以及钢筋裸露在潮湿环境中时钢筋会氧化腐蚀，锈蚀钢筋的强度会极度下降，将会对预制方涵构件结构稳定性下降，严重影响其使用性能[2]。

预制方涵构件防腐工程的主要内容是为预制方涵构件增加保护层，保护层的作用会增加预制方涵构件结构自身的密实性，其主要技术是对钢筋表面进行处理，以及采用防腐涂料对方涵构件进行全面涂装。常见防腐涂料如表 8.1 所示：

表 8.1 常见防腐涂料

防腐涂料名称	主要成分	主要特性
富锌涂料	锌粉、环氧树脂、正硅酸乙酯	锌作为阳极，可保护阴极，且锌腐蚀产物会阻隔了腐蚀介质的侵入
环氧树脂涂料	环氧树脂基体、添加颜填料、助剂	附着金属基体的能力较强，具有良好的耐溶剂性
聚氨酯涂料	聚氨酯、添加颜填料、助剂	良好的机械性能、水解稳定性、耐生物污损性和耐温性，耐候性优异、装饰性强
丙烯酸酯涂料	聚丙烯酸树脂	耐化学品性、耐候性、保光保色性
有机硅树脂	有机硅树脂及其改性树脂为成膜物质，添加颜填料、助剂	耐温性、消泡性、隔离性、润滑性、成膜性、透气性、保色性
氟碳涂料	氟树脂，添加颜填料、助剂	耐候性、耐沾污、耐溶剂性

8.1 城市预制拼装式地下管廊的腐蚀机理

预制方涵构件长期处于地下，地下水位较高，地质较软弱，土质潮湿，众所周知，地下水及土壤中含有大量的阴离子（Cl^-，SO_4^{2-}，Br^-，HCO_3^-）和阳离子（Na^+，K^+，Ca^{2+}，Mg^{2+} 和 Sr^{2+}）以及管廊内部 CO_2 对地下混凝土结构都有较强的腐蚀作用[3]。

（1）氯盐的侵蚀

氯盐含有大量的氯离子，氯离子的化学特性是一种腐蚀介质，其具有较强的侵蚀性，即便氯盐在强碱性环境中，由氯离子引起的腐蚀反应也极易发生。在混凝土搅拌中往往需要大量的水进行搅拌，以及在混凝土成品后水也会通过渗透渗入混凝土中，往往这些水并非纯静水，这些水中含有较多杂质的电解液，极易发生电化学腐蚀，从而使得混凝土腐蚀速度加快。当这些氯离子缓慢渗透到钢表面时，钢表面的钝化膜将被破坏并被激活。在充足的氧气和水的条件下，活化钢筋作为阳极，钝化膜作为阴极，使阳极中的金属铁溶解，钢筋的表面形成腐蚀坑，通常称为"点蚀"[4]。点蚀如果由此产生的水化损失会产生红锈，红锈不完全形成氧化（即黑锈），将附着在钢表面形成锈层。由于大部分的锈层是多孔的，即使在厚锈层的情况下，同样也不会阻止进一步的腐蚀，因此钢筋内部的腐蚀会不断发展，将会严重腐蚀钢材。

相同的氯离子也会对水泥混凝土造成严重的腐蚀。氯化钠和氯化钙和水合铝酸钙在水泥化学反应中会产生氯化物盐，因为氯化盐具有很强的膨胀性，可能会造成混凝土开裂，从而破坏混凝土的整体性，其强度将大大降低。

$$3CaO \cdot Al_2O_3 \cdot 6H_2O + CaCl_2 + 4H_2O \longrightarrow 3CaO \cdot Al_2O_3 \cdot CaCl_2 \cdot 10H_2O$$

（2）硫酸盐的侵蚀

硫酸盐化学侵蚀也是一种经常发生的侵蚀形式[5]。在海水中硫酸盐的含量也较大，极易与水泥中的钙离子发生水化反应，反应生成的物质为硫酸钙。

$$Ca(OH)_2 + SO_4^{2-} + 2H_2O \longrightarrow CaSO_4 \cdot 2H_2O + 2HO^-$$

尤其是在流动的水中，由于离子不断流动补充，反应式（8-2）可以不间断地进行。反应生成的硫酸钙可以与水泥熟料当中的矿物铝酸三钙 C_3A 发生化学作用，水化生成水化铝酸钙 C_3AH_6，硫酸钙可也以与单硫铝酸钙 $3CaO \cdot Al_2O_3 \cdot CaSO_4 \cdot 18H_2O$ 通过化学反应生成水化三硫铝酸钙（又称钙矾石）。

$$4CaO \cdot Al_2O_3 \cdot 19H_2O + 3CaSO_4 + 14H_2O \longrightarrow 3CaO \cdot Al_2O_3 \cdot 3CaSO_4 \cdot 32H_2O + Ca(OH)_2$$
$$3CaO \cdot Al_2O_3 \cdot 3CaSO_4 \cdot 18H_2O + 2CaSO_4 + 14H_2O \longrightarrow 3CaO \cdot Al_2O_3 \cdot 5CaSO_4 \cdot 32H_2O$$

混凝土破坏分为三种状态：钙矾石型结晶破坏、石膏和钙矾石结晶破坏共同存在破坏、石膏型结晶破坏[6]。根据不同浓度的 SO_4^{2-} 分为三种破坏形态。当混凝土主要被钙矾石破坏时，环境水中 SO_4^{2-} 浓度一般在 $250 \sim 1500mg/L$。当混凝土被石膏与钙矾石结晶共同破坏时，环境水中 SO_4^{2-} 浓度一般在 $1500 \sim 5000mg/L$。当混凝土主要是石膏晶体破坏时，环境中 SO_4^{2-} 浓度一般大于 $5000mg/L$。

（3）镁盐的侵蚀

由于水泥中含有大量硅酸盐矿物，镁盐的侵蚀破坏使水泥与其水化形成的水合硅酸钙凝胶反应而分解[7]。其反应的过程较为复杂，镁盐首先通过水合硅酸盐矿物形成 $Ca(OH)_2$，并在碱性环境中将 Mg 离子与 OH^- 结合形成沉淀的 $Mg(OH)_2$。

$$Ca(OH)_2 + Mg^{2+} \longrightarrow Mg(OH)_2 + Ca^{2+}$$
$$3CaO \cdot 2SiO_2 \cdot nH_2O + 3Mg^{2+} + mH_2O \longrightarrow 3Mg(OH)_2 + mCa^{2+} + 2SiO_2 \cdot (m+n-3)H_2$$

由于镁盐与水泥中的硅酸盐水合物发生水合反应生成水合硅酸钙凝胶，由于其不稳定的状态，可分解大量的 $Ca(OH)_2$，破坏水化硅酸钙凝胶。

（4）氧和水的作用

在钢筋腐蚀发生的电化学过程中，氧能参与阴极反应，当水中的氧的浓度较高时会加快钢筋的腐蚀速度[8]。其电化学反应过程如下：

阳极反应： $$Fe \longrightarrow Fe^{2+} + 2e^-$$

阴极反应： $$1/2O_2 + H_2O + 2e^- \longrightarrow 2OH^-$$

二次反应： $$Fe^{2+} + 2OH^- \longrightarrow Fe(OH)_2$$

当氧供应充分的情况下，$Fe(OH)_2$ 可以与氧进一步发生氧化作用，生成含水的三氧化二铁 $Fe_2O_3 \cdot nH_2O$。水在混凝土的碳化反应中起到催化剂的作用能加快反应的进度，同样水也能加快钢筋的腐蚀过程。

（5）混凝土碳化

混凝土碳化是伴随着 CO_2 气体向混凝土内部扩散，溶解于混凝土孔隙中的水，再与各水化产物发生碳化反应这样一个复杂的物理化学过程[9]。影响碳化的环境外部因素有湿度、CO_2 气体浓度。

CO_2 气体浓度与大气压和气温有关。管廊内温度相对地面来说较为稳定，$18 \sim 28℃$ 范围，此温度下地面洁净大气中 CO_2 浓度一般为 0.03%，管廊内一般大气压比地面要高，大气中 CO_2 浓度也要高于地面，地下水中溶解的 CO_2 浓度也比地面水要高，因此，无论是大气中 CO_2 对混凝土的碳化作用还是地下水中侵蚀性 CO_2 对混凝土的侵蚀作用都会更严重。

一般认为，在相对湿度较低的条件下，混凝土内含水量低，使溶解的 CO_2 量受到限制，从而减弱了碳化反应[10]。另一方面，在相对湿度高的条件下，混凝土内含水量高，又有碍于 CO_2 的扩散。所以碳化反应在相对湿度中等（$50\% \sim 70\%$）时进行最快，混凝土的标准碳化试验就是规定在相对湿度为（70 ± 5）% 条件下进行。管廊内由于相对封闭，通风不良，与外界大气交换不够充分，故隧道内的相对湿度一般比地面要大，这也会使碳化反应更易进行。

（6）其他的作用

混凝土的耐久性同样受环境温度、微生物、碱-骨料反应等诸多因素的共同影响。

8.2 防腐材料选取标准

为了有效提高预制方涵构件的耐久性，需要抑制预制方涵构件的腐蚀，可以通过多种措施来进行防腐蚀，主要从以下几方面进行考虑，从设计方面需提高对混凝土结构耐久性、防腐蚀配合比设计，从施工方面需对混凝土表面，以及钢筋表面进行防腐处理，以及使用钢筋阻锈剂对钢筋进行处理等[11]。综合从经济实用的角度分析，对混凝土表面专用涂料涂覆具有较大的推广价值，目前大多数工程采用该方法。

通过以上腐蚀水对混凝土的腐蚀机理的研究，综合日照地下管廊大量的现场工程资料分析，该工程属于沿海工程，地下含有大量的海水，致使施工现场存在不同程度的地下水腐蚀现象，如何有效解决地下水对地下管廊的腐蚀问题，提高管廊的使用寿命对于工程施工是至关重要的[12]。对于如何有效地解决地下预制方涵构件免遭侵蚀，可以从物理变化和化学反应这两个方面加以解决。

（1）胶结材料的选择

常用于工程的矿渣硅酸盐、火山灰硅酸盐、粉煤灰硅酸盐这三种水泥，由于它们的水含热量低，具有较强的抗硫酸盐侵蚀性能，被广泛用于工程应用[13]。为了进行防腐工程，经常在混凝土搅拌过程中掺入硅灰、粉煤灰等胶凝材料，以提高混凝土的性能，提高混凝土的抗渗指数。水泥质材料能有效防止因混凝土破坏造成 Cl^- 腐蚀的渗透。同时掺入硅灰和粉煤灰水泥，可显著降低活性骨料含量和总碱含量，可显著避免碱-骨料反应的发生。

（2）骨料的选择

为了能与水泥有高强度的胶结力，在粗骨料选择时，应选择高碱性的碳酸盐碎石。同样的粗骨料可形成高碱性环境，能有效保护钢界面的钝化膜，使其长期处于钝化状态[14]。在选用混凝土细骨料时应选用河砂，因为它含有较少的氯化物，而含有大量氯盐的海砂，会造成混凝土的腐蚀。

（3）外加剂的合理选用

在施工过程中，常与防冻剂配合使用，以提高混凝土的早期强度，防止混凝土在寒冷地区被冻胀破坏。复合早强剂中常使用硫酸钠＋氯化钠、三乙醇胺＋氯化钠，防冻剂中常使用氯盐类、氯盐阻锈类等，而这些外加剂当中含有的 Cl^- 较大，混凝土掺入这些外加剂会增大混凝土结构整体的 Cl^- 含量，再加上外部腐蚀性水分侵入混凝土，会加速混凝土的腐蚀和钢筋的腐蚀[15]。由此分析，钢筋阻锈剂应优选 $NaNO_2$ 复合型阻锈剂以及无氯盐类早强剂等，因为此类外加剂为碱性，在碱性环境中钢筋通过化学反应可以生成一层致密 Fe_3O_4 氧化膜，可以有效阻止 Cl^- 对钢筋的化学腐蚀。

（4）掺加混凝土防腐剂

目前市场上的防腐材料大多数是由多种材料复合而成的，常见的由防腐剂与粉煤灰混合而成，这种防腐材料能显著地提高水泥的抗硫酸盐极限浓度，并且能提高到 15000mg/L，这是因为：

1）由于水泥的二次水化反应，会导致水泥水化产物 $Ca(OH)_2$ 含量有所降低，同样也会降低液相碱度，因此硫酸盐离子不易生成石膏和钙矾石，致使其数量显著下降，从而避免了混凝土发生膨胀破坏[16]。

2）水泥的水化产物 $Ca(OH)_2$ 可以与 SiO_2 通过反应生成水化硅酸钙凝胶，其可以有效阻挡硫酸盐离子在混凝土中扩散，同时降低了硫酸盐对混凝土的腐蚀速度。

3）由于掺入防腐剂可降低铝酸盐的水泥含量，从而减少硫铝酸盐含量的形成，同时掺防腐剂可以改变水泥中 Cl^- 渗透系数，掺加过防腐剂水泥其渗透系数仅为抗硫酸盐水泥的 0.1，为普通硅酸盐水泥的 0.5。

采用涂料防腐时主要有封闭型和隔离型两大类，其划分依据是根据混凝土表面涂层保护按作用机理进行划分的。

（1）封闭型

其工作原理是在已熟化的混凝土表面涂装黏度很低的硅烷或水性涂料，借助毛细孔的表面张力作用把涂料小颗粒吸进混凝土表层中，由于毛细孔被阻塞，从而阻止氯化物的渗透，同时显著降低了混凝土的吸水率，从而保护混凝土不受损害。

（2）隔离型

其作用机理为在混凝土表面涂抹环氧涂料、氯化橡胶涂料、丙烯酸涂料、聚氨酯涂料等有机涂料，形成一层保护膜，可以有效阻挡具有腐蚀性的介质对混凝土表面的破坏。

通过对比混凝土表面涂覆和混凝土表面硅烷浸渍这两种防护措施，可以发现两者在作用机理、组成、施工性等方面存在诸多的差异[17]。详见表 8.2。

表 8.2　混凝土表面涂覆和混凝土表面硅烷浸渍对比

编号	对比项目	混凝土表面涂覆	混凝土表面硅烷浸渍
1	作用机理	一种物理保护过程，主要起屏蔽保护作用	一种化学保护过程，主要与混凝土起化学反应，在混凝土表面形成一道类似二氧化硅的憎水层
2	组成	由底漆、中间漆和面漆或底漆和面漆配套组成，分别由改性环氧树脂漆、改性环氧漆、改性丙烯酸聚氨酯漆构成	采用异丁基三乙氧基硅烷或异辛基三乙氧基硅烷单体作为硅烷浸渍材料
3	施工性	采用涂层保护时，混凝土龄期不应少于28d。表湿区涂料具有湿固化性能，适合潮差区现场施工	采用涂层保护时，混凝土龄期不应少于28d
4	装饰性	表层涂料可以选择颜色，具有可装饰性	保持混凝土表面的自然外观
5	检测	现场检测方便、直观	现场检测不方便，只能取芯测试
6	经济性	价格较低	价格较高

目前大多数建筑结构都采用涂料防腐，这是因为混凝土表面涂覆防腐技术具经济性、方便性、可装饰性等特点。对于混凝土的保护可以分为面漆、中间层漆、底漆。工程上混凝土保护涂料的面漆目前主要有聚氨酯面漆、氯化橡胶面漆、丙烯酸面漆、环氧面漆和氟碳树脂面漆等[18]。工程上优先选择环氧涂料作为混凝土保护涂料体系的底漆和中间层漆，因具有优良的附着力、耐碱性、与其他面漆的良好配套性。

为有效地阻止腐蚀性介质浸入对方涵构件造成破坏，涂层防护是保护预制方涵构件比较方便和实用的方法，其可在方涵表面形成致密性的保护层，大大增加了预制方涵构件保护层厚度。

可以根据预制方涵构件的腐蚀轻重程度不同，选用以下两种涂层方案（表 8.3、表 8.4）

表 8.3　重度腐蚀区混凝土表面涂层配套

涂层名称	配套涂料名称	涂层干膜平均厚度（μm）
底层	环氧树脂封闭漆	≮30
中间层	环氧树脂漆	≮200
面层	丙烯酸聚氨酯面漆	≮70
涂层总干膜平均厚度		≮300

表 8.4　轻度腐蚀区混凝土表面涂层配套

涂层名称	配套涂料名称	涂层干膜平均厚度（μm）
底层	环氧树脂封闭漆	≮30
中间层	环氧树脂漆	≮100
面层	丙烯酸聚氨酯面漆	≮70
涂层总干膜平均厚度		≮200

防腐涂料的选择要根据不同工程地质特征、不同的涂装体系选择以及使用耐久性要求进行相应选择。

（1）适合涂装体系的封闭底漆性能要求

① 具有良好的渗透性。为了阻止氯离子的渗透，必须具有良好的抗氯离子渗透性。

② 为阻挡小分子或离子的入侵，需具有致密的结构。

③ 具有良好的柔韧性。

④ 具有良好的耐碱性。耐碱性影响封闭漆的使用和与混凝土的结合力，故涂料必须具有良好的耐碱性。

⑤ 为保证整个系统的良好性能，复合系统的密封底胶等部位应具有良好的粘结力。

⑥ 便于施工。适用大多数施工条件，不受施工环境的影响。

（2）适合涂装体系的中间厚浆涂料性能要求

① 具有良好的屏蔽和抗渗透性。

② 具有抗冲击性。

③ 中间漆与底漆和面漆必须相容且附着良好。

（3）面漆必须具有优良的耐候性

面漆要求在腐蚀环境中长期保证耐老化性能。

8.3　防腐施工工艺

8.3.1　防腐施工流程

防腐施工顺序见图 8.1。

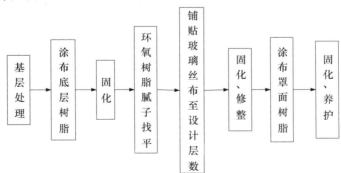

图 8.1　防腐施工顺序

（1）基层处理（图8.2）

机械打磨平顺，清理表面浮灰及疏松不牢部分，基层必须干燥，扫去明水。

图8.2　基层处理

（2）涂布底层树脂并用环氧树脂腻子找平

基层清理完毕后，在表面均匀涂布一层底层树脂，底层树脂固化后，将调配好的环氧树脂腻子均匀满刮于混凝土基层表面，用于填平基层凹陷部位[19]。

（3）铺贴玻璃丝布至设计层数

采用连续手糊法施工，环氧树脂腻子找平层刮涂完后连续铺贴玻璃丝布至设计层数。

① 首先涂刷一层均匀的铺衬树脂，然后铺贴玻璃纤维布，铺贴时务必贴实，不能存在气泡，其上再涂一层树脂，涂刷应饱满，依次连续贴至设计层数。

② 利用配好的环氧树脂将玻璃纤维布刷透，使之存量在20%～25%。

③ 在铺衬完成后，如果铺衬表面存在有毛刺现象，铺衬脱层现象以及铺衬有气泡时，应及时修补处理。

④ 铺衬时，对玻璃纤维增强材料的搭接宽度应当严格控制在不应小于50mm。参见图8.3。

（4）涂布罩面树脂

在增强层铺贴完成后，应当及时对表面进行修理，然后再进入罩面树脂的施工工序。参见图8.4。

图8.3　玻璃丝布

图8.4　罩面树脂

（5）固化、养护

① 施工完毕后，3d 内不得进入。

② 不得用尖锐或沉重物体撞击防水衬层，搬运上述物品时要格外小心。

③ 施工完毕后，附近不得进行焊接作业，如因特殊原因必须进行焊接作业时，则应制定完善、可靠的防护措施。例如采用防火毯将防水层加以遮盖等。

（6）完工验收

防腐工程的验收可以分为三类验收，包括中间交接验收、隐蔽工程验收、分项验收。

8.3.2　防腐施工注意事项

8.3.2.1　施工环境

（1）对施工环境应当严格控制，温度控制在 15～40℃，相对湿度控制在不大于 80%。当施工环境温度低于 0℃时，为了确保施工质量，应当加热升温施工环境。

（2）为了提高工作效率，可以采取大规模的施工措施，但在施工前，应分析施工环境的温度、湿度、原材料和工作特性。

（3）为了确保防腐工程有序进行。应采取防水、防火、防曝晒等保护措施。

（4）不得为提高工程施工速度，在进行防腐工程施工时，进行其他施工。

8.3.2.2　防腐施工控制要点

当建（构）筑物建筑环境为腐蚀性介质时，应当采取相应的防腐措施。据统计虽然有些建筑物及时做了防腐处理，但仍存在各种程度的腐蚀破坏，尚未达到预期的使用年限，这是由于防腐方法和材料的选择不当，或者是施工质量差[20]。

因此，在设计正确的条件下，只有做到规范施工、科学管理，在施工中严格按方案执行，才能确保防腐蚀工程的质量。控制要点参见表 8.5。

表 8.5　防腐做法控制要点

序号	工序名称	工作内容	控制要点	备注
1	水泥基层检查	查：强度、坡度 测：平整度，含水率	平整度：2m 直尺检查≤1mm	办理交接手续
2	基层处理	机械打磨平顺，清理表面浮灰及疏松不牢部分	凸面打磨平顺	
3	玻璃丝布、面层	刷底漆	刷底层树脂一道	涂层均匀、无漏刷、流挂
		刮腻子	刮环氧树脂腻子一道	凹陷不平处刮平顺
		贴玻璃丝布	连续贴至设计层数	贴实搭接可靠、胶料饱满，无气泡，表面平整
		罩面树脂	修整表面，铺贴	连续法施工
4	固化养护	按规范要求检验合格		

混凝土防腐施工是非常复杂的一个过程，这是由于其工序环节多，做法要求不一，以及影响质量施工的因素众多，故如何进行混凝土防腐施工显得尤为重要。

8.3.2.3　防腐施工质量控制

（1）小样试验

为确保防腐施工的质量，所有材料的施工在进场前都要严格控制，通过抽样检测，从而确定合适的施工配合比，要配备专职熟练工拌制环氧树脂胶泥，按照配合比参照规范以及说明书，严格进行每次配料的计量，并且要对每次拌制过程做好记录，配好的胶泥一定要随配随用，不得重复利用，切记固化后的胶泥不得二次加工进行使用[21]。

（2）基层处理的质量控制

在防腐施工中基层处理是一项重要工序，施工过程必须要严格把控，因为它严重影响着防腐的施工质量[22]，因此在基层进行检查时，要严格检查以下内容：

① 基层混凝土强度需严格达到设计以及规范的要求，且必须坚固、平整。

② 严格对基层含水率进行把控，确保基层干燥，在监理现场监督进行抽样检查合格后方可进行后续施工。

③ 经混凝土表面机械研磨混凝土表面后，将水泥渣及松动附件彻底清洗干净。上述基层完成以上监督后，项目组经过考核，可以转入下一道工序施工。

（3）树脂玻璃丝布施工的质量控制

采用连续手糊法施工，环氧树脂腻子找平层刮涂完后连续铺贴玻璃丝布至设计层数。

在施工玻璃丝布之前，需要确保基层清洁、干燥和验收，然后在基层刷上树脂底漆，然后充分刮涂环氧腻子，随即铺贴玻璃纤维布，必须贴实，赶净气泡，其上再涂一层树脂，涂刷应饱满一油一布[23]。如此反复，达到设计要求。

重点控制以下要点：

① 每层玻璃丝布在铺贴时务必贴实，铺贴后不能存在气泡。

② 玻璃丝布按顺水流方向进行搭接。

③ 刷每层树脂要确保它能将玻璃丝布浸透。

④ 采用连续手糊法对玻璃丝布施工，在用环氧树脂腻子找平层刮涂完后，铺贴玻璃丝布至设计层数。铺贴完成后要对工作面进行检查，不能存在毛刺、气泡等缺陷，如果存在需进行及时修补。

（4）面漆施工的质量控制

在刷面漆前，应对表面进行必要的检查、修补，然后进行罩面树脂滚涂施工工作。

8.4　防腐施工技术优势及要求

8.4.1　防腐施工技术优势

分别从防腐技术的材料、工艺等方面研究预制方涵构件防腐技术，提出并制定新型预制方涵构件防腐防治施工工艺，其防腐技术优势如下：

（1）环氧类防腐涂层的施工，因其只需要小型的角磨机、搅拌机等一些比较简单的设备，而且这些设备容易操作，所以在日常使用环氧类防腐涂层的施工是比较常见的[24]。

（2）环氧类防腐涂层具有耐久性、耐老化性能，相比其他普通防腐材料有很好的防腐效果，以及加固作用。

（3）力学性能高。环氧树脂由于分子结构致密，内聚力很强。

（4）绿色环保。环氧树脂在固化时不会产生有污染的挥发物。

（5）附着力强。对混凝土有良好的附着力。

（6）稳定性、耐热性好。

8.4.2 防腐施工技术要求

预制方涵构件防水、防腐工程"重在预防，重在过程控制"。在加快施工进度的同时加强综合管廊的整体性，可大大减少防水隐患产生。同时也注意预制方涵构件防腐的问题，通过在预制方涵构件变形缝、施工缝、拼装节点等防水环节薄弱处进行处理，根据《工业设备 管道防腐蚀工程施工及验收规范》（HGJ 229—91）在使用过程中针对发生的渗漏现象能及时采取注浆措施进行处治，并针对防腐问题做细致的处理。

（1）预制方涵构件外表面涂刷防腐涂料是设计人根据地质情况，为保证预制方涵构件的耐久性而提出的相应的施工组织方案。

（2）材料进场前必须将材料的有关材质单报监理审查，否则不能进场、不能使用。材料经确认进场后应立即安排材料的检测。材料的性能应满足设计的要求。

（3）在防腐涂层施工时一定保证基层平整、干燥、不起皮、不起砂、无蜂窝麻面。

（4）必须保证涂层与混凝土表面的粘结力大于 1.5MPa。

（5）应采取钢筋与防腐涂层直接接触的措施，避免对钢筋造成污染。

（6）涂层完成后，应采取保护措施，避免对其造成破坏。

（7）涂层完成后，不经检查不得进行后序施工和隐蔽。

（8）在进行涂层检查时，应从外观、厚度、漏点和附着力等方面进行检查。

（9）修补防腐层时，应用与防腐层相同的材料进行修补，表面应平整、厚度相同。

（10）当进行防腐蚀涂料的施工时，要注意随时对涂层层数以及涂刷的质量进行检查。

（11）在涂层施工完成以后要对其外观进行检查，要保证涂层的光滑平整、颜色一致、无气泡，无剥落、漏刷、反锈、透底以及起皱等现象出现。检查应用 5~10 倍的放大镜进行检查，当无微孔出现时方为合格。

（12）在进行厚度测定时，可采用磁性测厚仪进行测定。且其厚度偏差要保证在设计规定厚度的 5%。

另外，由于建筑材料的防腐材料大多是有毒、易燃的材料，施工现场应将材料存放在专用的仓库，并派人管理，配备消防设备。施工现场要保持良好的通风，操作人员必须佩戴防护用品，并佩戴防毒面具，监督巡视站也应得到很好的保护。另外，地下综合管廊工程，施工空间比较狭小，通风不畅，应采取人工措施强制通风。

参考文献

[1] 任凯. 节段预制拼装建造连续梁桥方案比选及造价分析 [J]. 铁路工程技术与经济. 2017 (2): 31-34.

[2] 王少辉, 黄胤超, 姜明元. 预制箱涵吊装及工作状态数值分析 [J]. 山西建筑. 2016 (1): 114-115.

[3] 陈宝, 田昌春, 郭家兴, 陈建琴. 高庙子膨润土悬浮液的抗冲蚀流变特性 [J]. 同济大学学报(自然科学版), 2017, 45 (03): 317-322.

[4] 李美明, 徐群杰, 韩杰. 海上风电的防腐蚀研究与应用现状 [J]. 腐蚀与防护, 2014, 35 (06): 584-589+622.

[5] 师红宇. 基于机器视觉定位的吊装机智能控制系统设计 [J]. 西安工程大学学报. 2017 (2): 216-220.

[6] 岳玉洁, 赵建国. 基于 Inventor 三维吊装仿真系统的研究与应用 [J]. 机械设计与制造, 2012 (04): 73-75.

[7] 熊畅, 张茂永. SU 三维技术在吊装过程中的分析及应用 [J]. 中国机械. 2014 (7): 171-172.

[8] 李美明, 徐群杰, 韩杰. 海上风电的防腐蚀研究与应用现状 [J]. 腐蚀与防护, 2014, 35 (06): 584-589+622.

[9] 王晓磊, 翟国政, 刘历波. 地下综合管廊防水设计分析 [J]. 山西建筑, 2016 (29): 75-76.

[10] 何小英. 西部地区地下综合管廊防水施工技术探讨 [J]. 中国建筑防水, 2017 (09): 33-37.

[11] 葛照国, 王宇航. 大型地下空间主体结构喷膜防水施工技术 [J]. 施工技术, 2016 (03): 59-62.

[12] 况彬彬, 陈斌. 贵州六盘水地下综合管廊防水设计与施工探讨 [J]. 中国建筑防水, 2016 (10): 17-20+25.

[13] 孔祥臣. 预制拼装综合管廊接口防水性能研究 [J]. 中国建设信息, 2012 (11): 50-51.

[14] 刘金景, 陈晓文, 吴士玮, 齐桂杰. 城市地下综合管廊工程防水技术应用探讨 [J]. 中国建筑防水, 2016 (08): 18-22.

[15] 鄢长, 李玥. 海控国际广场地下工程防水技术 [J]. 施工技术, 2011 (22): 32-34.

[16] 黄永安, 郭文雄, 何小英. 大型综合体地下工程防水施工技术 [J]. 中国建筑防水, 2016 (13): 37-41.

[17] 璩继立, 杨欢, 李陈财, 刘宝石. 国内外地下工程防水技术新进展 [J]. 水资源与水工程学报, 2012 (06): 111-115.

[18] 朱加圣, 王林攀. 浅谈混凝土防腐施工方法及质量控制要点 [J]. 江西建材, 2016 (06): 67-68.

[19] 高秀利, 刘浩, 石亮. 硫酸盐干湿交变作用下混凝土防腐技术应用对比 [J]. 新型建筑材料, 2016 (05): 45-48.

[20] 于涛, 沈琳琳, 刁鹏. 钢筋混凝土防腐技术初探 [J]. 城市建设理论研究(电子版). 2015 (11).

[21] 陈芳. 复合型混凝土防腐剂研发 [J]. 福建建材. 2015 (11): 4-7.

[22] 黄埝. LNG 场站工程建设施工管理与实践 [J]. 工业技术创新, 2016, 03 (05): 904-906.

[23] 杨大峰, 查吕应, 魏亚星, 张晓庆. 钢纤维混凝土防腐技术试验研究 [J]. 防护工程. 2014 (1): 33-39.

[24] 赵羽习, 杜攀峰, 金伟良. 混凝土防腐涂料抗氯离子侵蚀性能试验研究 [J]. 涂料与应用. 2014, (2): 9-14.

9 城市预制拼装式地下管廊建设存在的问题与展望

9.1 城市预制拼装式地下管廊建设存在的问题

综合管廊的技术立法和研究工作对于规范综合管廊的建设具有重要意义，但目前国内却迟迟没有完备的管廊建设的技术规范，试行的《城市综合管廊工程技术规范》只是简单地介绍了总体设计、管线设计、附属设施设计、结构设计，是供验收和维护管理的一般规定，并没有针对细部的设计（如布局设计、结构设计、管线设计、防灾设计等）、施工方法（如施工工艺、施工流程、施工安全等）、检查验收（如验收方法、验收指标等）和材料设备（如建筑材料、监控系统、通风通信系统、供电系统、给排水系统、标示系统和地面设施等）给出具体的标准。国家对于推进综合管廊建筑只是通过国务院发文的方式推行，没有相应法律的规定，这使得综合管廊建设无法可依。同时综合管廊的前期投资高、回报周期长的特点使得管廊的建设优势显得不那么明显。

目前国内的混凝土预制管廊应用主要有以下问题：

（1）建设理念和管理模式急需改进

推进我国地下综合管廊预制拼装技术不仅仅是技术层面的问题，更要在管理模式和建设理念上更新现有思维模式。目前出台的相关法律和规范要从适合国内国情的角度予以更新，才能更切合实际地指导管廊建设的投资、规划设计、施工管理等多方面。

（2）在抗渗、抗震方面的研究不足

对于综合管廊这种预制拼装构件，其自身结构的防水和抗震方面的研究一直以来都是相对匮乏的，需多进行对两管廊构件间的构造形式和防水方案的试验，累积相关试验数据。同时在抗震方面也要深度研究，分析在地震中结构的力学特性。通过大量的数据积累和全面分析，找出预制结构相对薄弱的控制点并加以修改，才能使预制拼装结构更加良性地快速发展。

（3）适应范围的局限性

预制综合管廊由于采用大规模工厂化预制，所以对于固定断面尺寸的管廊生产，成本优势和时间优势还是比较明显的。但现实施工中往往遇到多种突发因素：如前期地勘不明确，地下结构与地质条件不符，障碍物无法跨越等需要临时变更设计，改变断面尺寸，此时预制管廊就需要重新订做新的模具加工，所以在工期时间方面不会比现浇节省。而且管廊需要从工厂运输到工地现场，如果是整体管廊，面对上百吨的混凝土构件，运输和吊装将成为施工难点，如何选择合理的运输车辆和适宜的吊装方案将是面临的巨大问题。若采用分体管廊，则新增出来的两个单体管廊之间拼接缝（管廊纵缝）的防水施工也是现场施工不得不考虑的重要问题。

（4）预制管廊发展的滞后性

在国外建设综合管廊是对城市地下空间集中开发利用的一种方式。某些发达国家已经将给排水管网发展为大型水资源供给系统，还能与交通和商业有机结合，使之成为综合利用的整体。目前我国新开发的管廊都是在遵循这一发展方向。据不完全统计，截至 2015 年底，国外已建成的综合管廊近 4500km（具体为 4394km）；相比于国外，我国的综合管廊建设多集中在经济较发达的城市和新建城区，要在全国推广建设还有很大的难度。据统计，截至 2016 年，国内 147 个城市 28 个县的所有在建综合管廊，总长约 2005km，总投资达到 900 亿元。规模上与发达国家还存在差距。根据城市建设条件在宜建区基础上划分出优先建设区，这一区域主要包括开发新区、整体改造区和地下空间综合开发区。我国已建的综合管廊多集中在一线城市和经济发达地区及沿海城市，地区的选择比较单一，在考虑适宜性方面缺少必要的调研，存在盲目规划建设的问题。

（5）质量检测标准不统一

产品质量要求不一致，无法详细约定。在大部分的地下方涵工程中，使用与制造双方根据工程及制造情况约定产品质量要求，一般不太详尽，多有边施工、边修改的情况。因此，检验、测试数据无法判定结果，给产品合格检验、工程质量验收带来很大困难。

9.2　城市预制拼装式地下管廊建设展望

现阶段，市政管廊的施工形式以传统常用的现浇钢筋混凝土为主。而随着装配式建筑风潮的兴起，各种形式的预制拼装综合管廊不断走进建筑施工领域，预制拼装综合管廊因其具有的建设周期短、环境污染小、施工易控制、适合在城市建成区域采用等特点，正逐渐被重视并推广，在今后全国庞大可观的地下综合管廊建设领域有着广阔的市场与前景。

预制综合管廊相较于现浇综合管廊在设计、施工、经济性、环境效益等方面存在很大的优势，但是由于工艺发展较晚，技术成熟度还不够，推广应用中遇到的问题重重。针对综合管廊项目建设过程中的前期规划阶段、设计阶段、施工阶段和运营管理阶段四个时期遇到的问题提出以下相应的建议和措施。

9.2.1　预制综合管廊规划阶段的推广应用对策及建议

（1）综合管廊规划要着眼未来从实际出发

预制综合管廊工程的规划、设计是综合管廊建设的龙头。因此规划设计在管廊建设中的地位十分重要。任何一项城市基础设施工程都该立足现实，在着眼未来的基础上有序推进，预制综合管廊在其建设时更加有必要"规划先行"。以下就综合管廊的工程规划阶段提出需要特别注意的几点建议：

① 对综合管廊工程规划的编制依据和政策解读要全面充分。

② 对综合管廊工程规划的编制条件和编制时间安排要准确把握。

（2）综合管廊建设要积极推进管线入廊机制

目前综合管廊前期规划中所遇到的一个重要问题就是管线入廊难的问题，各专业管线单位对入廊难主要存在以下几点原因：对管廊安全性的担忧；对管廊有偿使用的顾虑；对原有管理格局的影响；管廊未形成网络覆盖；使用者的需求始终存在变化。

要解决管线入廊难，积极推进各专业管线强制入廊这一制度，就要结合国内实际情况多吸收境外先进经验，通过总结、分析制定出适合我国实际情况的制度和政策。

（3）综合管廊前期规划要充分调查

① 准确把握综合管廊规划区位的选择

从试点城市的建设情况来看，往往把综合管廊规划于城市新区。政府部门应对这一动向提高警惕性，因为综合管廊如果完全布置在新城区的建设中会造成以下两点问题的出现：a. 综合管廊本身的社会效益不能被完全体现。如果综合管廊完全布置在新城区，那么老城区中年久失修的管道、管线依然存在破损、断裂随时发生事故的可能，这样对改变"城市蜘蛛网"、"马路拉链"的施工陋习没有丝毫正面效果；b. 新城区的人口发展速度也是逐渐才增加的，那么管廊要达到设计容量的要求将会是一个缓慢的过程，这样对于投资者而言将会影响成本（入廊费和管线维护费）回收。

因此，地方政府不能简单地以新区建设要响应国家政策，或者新区规划管廊建设困难等简单思维考虑综合管廊的规划，这样会影响综合管廊在城市的综合发展前景。

② 充分考虑适宜入廊的管线问题

当前我国城市发展中，可以计入管廊的管线主要有电力电缆管线、通信电缆、燃气管道、给排水管道、热力管道、雨污水管道等，还有建设道路时作为道路附属功能的埋于道路下的路灯缆、交通信号灯线路等。通过对已完工管廊项目的调研，真正可以收入综合管廊中的管线种类与政策要求有很大差距。

9.2.2　预制综合管廊设计阶段的推广应用对策及建议

（1）积极推广预制新工艺的市场应用

在前文中笔者提到了现浇管廊与预制管廊的设计区别，通过实际走访设计院的调查研究，目前很多设计院都秉承保守的设计思想不变，一方面是旧工艺在设计方面驾轻就熟，可以很快地完成工作任务，另一方面新工艺的不确定性很多，大家都不愿轻易尝试，怕承担责任。然而要想推广预制综合管廊的市场应用，就需要有新的尝试。举例来讲：预制综合管廊施工的重点在于两管廊之间的防水处理。防水措施的好与坏直接关系到预制管廊抗渗性能的优良。

（2）加速设计规范化、标准化实施脚步

为了推进综合管廊的标准化设计的进度，国家推出建筑标准设计共 18 项，包括《综合管廊工程总体设计及图示》《现浇混凝土综合管廊》《综合管廊基坑支护及地基处理》《综合管廊附属构筑物》《综合管廊给排水管道敷设与安装》《综合管廊热力管道敷设与安装》等图集，对提高国内城市综合管廊的设计水准和工作效率方面，推进城市综合管廊建设的健康稳定发展方面起到了积极作用。虽然标准化的设计已经有了初步的成果，但是由于预制城市综合管廊的特殊性，需要编制更有针对性的标准化设计指导文件。

预制城市综合管廊设计的特殊性主要表现在：①管线布置和管线入廊数量直接影响综合管廊的截面大小和分仓数量，但是截面大小和分仓数量受模具生产水平、调运安装的经济性和可行性的限制，所以需要提出在技术上和经济上都可行的预制综合管廊设计方案；②预制综合管廊具有质量好、施工面小、施工速度快、建筑污染少、周边环境影响小等优点，可以明显缩短施工工期，同时可以有效降低施工风险。预制综合管廊从设计到生产加工再到现场施工技术含量较高，建筑行业内具备这方面经验的施工企业较少。所以，预制综合管廊的建设标准中应该补充预制综合管廊设计规范、施工规范和验收规范等内容。例如：结构防水的做法、预应力连接技术要求、预埋件的埋设要求、单体结构接口处理方式、现场拼装要求、吊装安装的技术要求等内容应该有详细的规定，用来指导工厂生产和现场施工。

9.2.3　预制综合管廊施工阶段的推广应用对策及建议

（1）大力推广新技术、新工艺的实际应用

预制管廊的生产，不同于现浇，采用工厂化预制、模数化的模具组合。从钢筋绑扎到浇筑混凝土一次成型，再到蒸汽养生均在工厂内完成，整体效果好，不存在施工缝。由起吊机吊入沟槽内采用箱涵安装车进行安装对接，对安装缝进行内外侧的防水处理，包括注浆和膨胀胶圈的安装。

（2）积极促进产业联盟的形成

时至当下，产业联盟目前显然是一种重要的产业组织形式，其存在意义严重影响企业的长远发展和企业的壮大，特别是对高新知识企业。产业联盟的优势明显，好处显著。与企业间的并购重组相比，产业联盟能更好地实现资源互补，优势互补，开发拓展空间，提高企业竞争力和存在性。同时还可以大大降低企业内部资源调配的风险和重组并购的漫长过程，为企业降低不必要的损失。

"1＋1＞2"的原理被越来越多的行业重视，通过整合政府、管廊企业、高校、金融机构的资源整合，形成统一的产业联盟可以实现资源的最大化利用，更好地实现预制管廊的产业发展。综合管廊是民生工程，是由政府主导的工程。管廊公司是管廊的直接生产者和利润的最大受益者。高校研发新型的材料、技术和工法，是管廊技术的推动者。金融机构通过参与管廊建设的资金运营，是管廊工程的资金方和受益者。如果整合上述几种资源，形成统一的产业链管理，可以在最短的时间内实现管廊的快速发展。

9.2.4　预制综合管廊运营管理阶段推广应用对策及建议

（1）加快法律制度完善的脚步

预制综合管廊的建设和运维的着力点是保障人民的正常生活，维护人身及财产安全。提升高城市总体规划水平，提升居民生活质量为重点，加快高科技信息技术的应用速度，提升城市服务水平，合理利用并优化资源是综合管廊运营维护管理的总体目标。实际应用中要充分发挥市场机制的导向性作用，优化资源配置，充分调动各参建单位的积极性，形成政府部门、企业单位、广大市民等多方参与的格局。通过采用市场化的运作手段，采用PPP模式，广泛将社会资本引入综合管廊项目建设，推动管廊建设的资源开发和市场化应用。同时要强化政府在规划指导、统筹布局、政策扶持、美化环境等方面的指导和推进作用，形成建设智慧型综合管廊的整体合力。

（2）应用先进技术提高管理效率

先进的运营管理技术主要指通过应用计算机技术、网络技术、检测技术，建立起智能监控管理平台，将各类管网的安全监测，从规划到运维过程中所产生、获取、处理、存储、传输和使用的信息资源进行全生命周期的分析。通过分类构建数据库进行集中统一管理，包括实时数据库、专业数据库、关联数据库、专家库、案例库、法律规范库等。通过对管线数据和实时监控数据进行抽取、转换、装载，形成若干面向业务主题的数据库；基于管线大数据分析平台进行智能分析，为领导决策层、管理部门和权属单位提供统计报表应用、数据查询应用、数据挖掘应用和预测预警分析等多种数据分析挖掘和预测预警服务。

为了实现综合管廊的数字化管理，首先要对现有地下管线进行逐一普查，摸清家底，建设一套完整的、符合实际情况的地下管线真实数据库。完成之后，充分有效地应用及共享数据，同时要保证数据的及时更新，这样才能真实体现数据的时效性和价值。然后建设有效的地下管网危险源在线监测和预警系统，实时动态掌握管网安全重点监测部分的运行状况。建设预警和事前诊断系统，通过建设应急响应机制，改变以往被动管理的抢险模式。如当地下管网发生事故时（管线爆裂、道路坍塌、城市内涝、管道漏水污染等问题），才能及时准确地进行补救，事后抢险通常会比事前预防产生更大的经济损失，甚至有生命危险。通过建设事故应急指挥中心，建立事故快速响应机制、统筹协调机制，将各专业管线集中调度指挥，集中监测，集中管理。建设应急指挥系统，提供应急预案，协调市各部门快速响应管网，以减少损失。综合管线非常复杂，地下管线分布面积广，距离长。面对复杂的管线网络体系，需要用科学的方法予以分析和评测，才能有效提高管线的规划设计与建设管理水平，从而改变以往只是主观的浏览地图这一陋习。

中国城市地下综合管廊建设起步较晚，全国大多数城市地下管线没有基础性城建档案资料，因此，建设城市综合管廊的需求已处于紧迫状态。而近几年在国家政策和建筑行业发展趋势的引导下，国内在预制拼装综合管廊应用方面不断进行发展和创新，但这些发展和创新均在一定程度上受制于综合管廊防水问题。开发更加适合拼装结构的防水工艺及防水材料，疏通预制拼装综合管廊发展的道路。随着创新、优质、绿色理念在相关研发上的不断推进，预制拼装综合管廊的施工方法也彰显多样化及创新化，预制拼装综合管廊必将在今后的城市建设发展中大放异彩。